爱上编程
Programming

中国电子学会全国青少年软件编程等级考试 Python 编程一至四级指定用书

Python 编程入门与算法进阶

■ 中国电子学会 编著

人民邮电出版社
北京

图书在版编目（CIP）数据

Python编程入门与算法进阶 / 中国电子学会编著
. -- 北京 : 人民邮电出版社, 2022.4
（爱上编程）
ISBN 978-7-115-58359-8

Ⅰ. ①P… Ⅱ. ①中… Ⅲ. ①软件工具－程序设计－青少年读物 Ⅳ. ①TP311.561-49

中国版本图书馆CIP数据核字(2021)第266769号

内 容 提 要

Python 简单易学，是一种非常适合零基础编程人员学习算法与编程的高级程序设计语言。

本书是中国电子学会全国青少年软件编程等级考试 Python 编程一至四级的指定用书，基于 Python 自带的集成开发工具 IDLE 3.5.2 版本，对应每级考试要求讲解知识要点。

对于广大青少年学习者，本书能够指导他们了解并掌握 Python 语言编程技巧，培养他们用 Python 语言编程解决生活中实际问题的能力。

◆ 编　　著　中国电子学会
　责任编辑　周　明
　责任印制　马振武

◆ 人民邮电出版社出版发行　　北京市丰台区成寿寺路 11 号
　邮编　100164　　电子邮件　315@ptpress.com.cn
　网址　https://www.ptpress.com.cn
　固安县铭成印刷有限公司印刷

◆ 开本：787×1092　1/16
　印张：14.75　　　　2022 年 4 月第 1 版
　字数：256 千字　　　2025 年 3 月河北第 14 次印刷

定价：99.00 元

读者服务热线：(010)53913866　印装质量热线：(010)81055316
反盗版热线：(010)81055315

编委会

前 言

国务院印发的《新一代人工智能发展规划》中明确指出，人工智能已成为国际竞争的新焦点，应实施全民智能教育项目，在中小学阶段设置人工智能相关课程，逐步推广编程教育，建设人工智能学科，重视复合型人才培养，形成我国人工智能人才高地。而在人工智能普及教育工作中，通过学习软件编程去了解和掌握算法非常重要。

全国青少年软件编程等级考试是中国电子学会于2018年启动的面向青少年软件编程能力水平的社会化评价项目。全国青少年软件编程等级考试的考试内容包括图形化编程（以Scratch为主）和代码编程（以C/C++和Python为主），本书重点面向Python编程。

Python是一种面向对象、解释型、弱类型的脚本语言，也是一种功能强大而完善的通用型语言。Python由吉多·范罗苏姆（Guido van Rossum）于1989年出于某种娱乐目的而开发。Python语言是基于ABC教学语言的，而ABC这种语言非常强大，是专门为非专业程序员设计的。但ABC语言并没有获得广泛的应用，吉多认为这是其非开放性造成的。Python上手非常简便，它的语法非常像自然语言，对非软件专业人士而言，选择Python进行学习的成本最低。

本书深入浅出地阐述了全国青少年软件编程等级考试（简称“等级考试”）Python编程一至四级的详细知识条目。

一级的核心知识是简单数学运算与turtle库；能力要求是熟悉编程环境，具备编写顺序结构的简单程序的基本编程能力。

二级的核心知识是核心数据类型；能力要求是具备编写顺序、分支、循环结构的简单程序的基本编程能力。

三级的核心知识是解析、枚举、排序、查找算法，以及简单的数据处理；能力要求是具有基本算法思维，具备以算法为目标的基本编程能力。

四级的核心知识是函数及自定义函数、递归与分治、扩展库；能力要求是具有初步的模块编程思维，具备以函数形式进行代码复用的基本编程能力。

本书从软件编程所需要的技能和知识出发，引导地区的组织、机构及企业根据当地编程教育普及情况，培养青少年的 Python 编程能力，进而激发和培养青少年学习编程技术的热情和兴趣，让青少年朋友能够掌握 Python 编程的相关知识和操作能力，熟悉编程的各项基础知识和理论框架，为后期学习大数据处理与人工智能编程等专业化编程打下良好基础。

本书为全国青少年软件编程等级考试 Python 编程一至四级的指定用书。希望本书能够有针对性地帮助大家参与全国青少年软件编程等级考试。

最后，感谢现在正捧着这本书的你，感谢你愿意花费时间和精力阅读本书。本书读者交流 QQ 群号为 470279717。由于编写仓促，书中难免存在疏漏与不妥之处，诚恳地请你批评指正，你的意见和建议将是我们完善本书的动力。我们更希望等级考试不是目的，而是学生发展兴趣和验证能力的阶梯。愿每个孩子都能通过本书收获成长，收获能力，收获快乐。

中国电子学会
2021 年 11 月

目 录

全国青少年软件编程等级考试 Python 编程一级

全国青少年软件编程等级考试 Python 编程二级

全国青少年软件编程等级考试 Python 编程三级

全国青少年软件编程等级考试 Python 编程四级

全国青少年软件编程等级考试
Python 编程
一级

全国青少年软件编程等级考试 Python 编程一级标准

一、考试标准

1. 了解 Python 有多种开发环境，熟练使用 Python 自带的 IDLE 开发环境，能够进行程序编写、调试和分析，具备使用 Python 开发环境进行程序设计的能力。

（1）了解 Python 常见的几种编程环境：IDLE、Visual Studio Code、JupyterNotebook。

（2）熟悉 IDLE 的操作过程，会打开 IDLE，会新建文件、保存文件。

（3）熟练掌握使用 IDLE 进行编程，会修改文件、运行文件等操作。

（4）熟悉 IDLE 的两种开发模式，会在不同模式下进行切换。

（5）了解 Python 的版本号和目前最常用的 Python 版本。

2. 熟悉 Python 程序编写的基本方法。

（1）理解“输入、处理、输出”程序编写方法。

（2）掌握 Python 的基本格式，编写程序时会合理地使用缩进、注释、字符串标识。

（3）掌握变量基本概念，会使用变量，并且掌握变量名的命名和保留字等基本语法。

（4）理解字符串、数值型变量，会对变量类型进行转换。

（5）掌握并熟练编写带有数值类型变量的程序，具备解决数学运算基本问题的能力。

（6）理解比较表达式、运算符、逻辑运算的基本概念，掌握 Python 编程基础的逻辑表达式。

3. 具备基本的计算思维能力，能够完成较简单的 Python 程序编写。

（1）理解顺序结构语句的特点和写法，能够完成简单顺序结构的程序。

（2）理解比较表达式、运算符、逻辑运算的基本概念，掌握 Python 编程基础的逻辑表达式。

（3）知道第三方库 turtle 的功能，会导入该库文件，掌握它的一些简单使用方法，如前进、后退、左转 / 右转、提笔 / 落笔、画点、画圆等。

二、考核目标

让学生掌握基本的 Python 编程相关知识和方法，会使用 IDLE 进行编程，熟悉 Python 的基本语法规则，会用 turtle 库完成简单的顺序执行的 Python 程序，能够解决较为简单的问题。

三、能力目标

通过本级考试的学生，对 Python 编程有了基本的了解，熟悉至少一种 Python 编程环境的操作，会编写含有变量及库文件的基本程序，具备用计算思维的方式解决简单问题的能力。

四、知识块

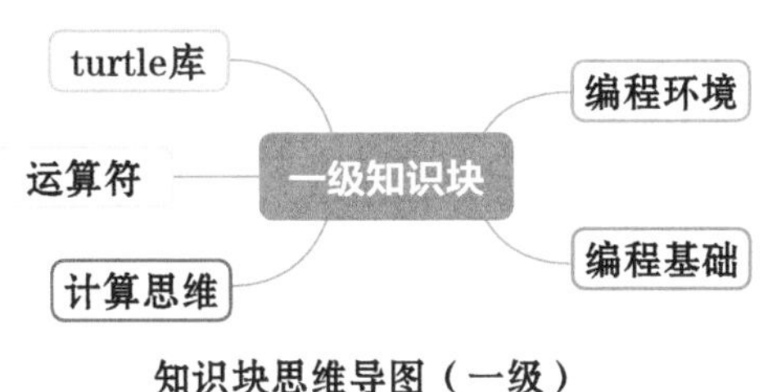

知识块思维导图（一级）

五、知识点描述

编号	知识块	知识点
1	编程环境	Python 版本、IDLE 操作、其他编程环境、新建文件、保存文件、代码缩进、代码注释、程序运行
2	编程基础	print() 语句、双引号和单引号、字符串及数值类型转换、input() 语句、变量的命名和使用、保留字
3	turtle 库	导入库文件、画布设置、画笔设置、前进、后退、左转、右转、提笔、落笔、到达指定坐标、画点、画圆等命令
4	运算符	算术运算符 +、−、*、/，赋值运算符，比较运算符 ==、<、>、<=、>=、!=，逻辑运算符 and、or、not，运算符的优先顺序
5	计算思维	能编写顺序执行的程序、能分析简单逻辑运算和比较运算的结果并且会使用这些结果

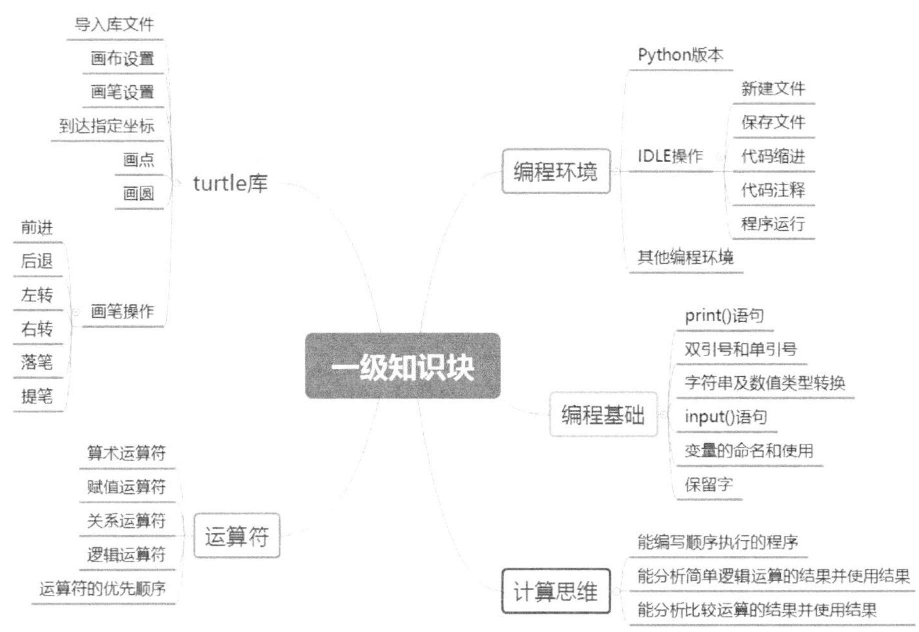

知识点思维导图（一级）

六、题型配比及分值

知识体系	单选题	判断题	编程题
编程环境（10 分）	6 分	4 分	0 分
编程基础（26 分）	10 分	12 分	4 分
turtle 库（24 分）	14 分	4 分	6 分
运算符（30 分）	18 分	0 分	12 分
计算思维（10 分）	2 分	0 分	8 分
分值	50 分	20 分	30 分
题数	25	10	2

第 1 课　编程环境

1.1 学习要点

（1）IDLE 的操作：IDLE 的运行模式、IDLE 的基本界面组成、IDLE 的文件保存与运行、其他编程环境的了解。

（2）Python 的版本知识。

1.2 对标内容

了解 Python 有多种开发环境，熟练使用 Python 自带的 IDLE 开发环境，能够进行程序编写、调试和分析，具备使用 Python 开发环境进行程序设计的能力。了解 Python 的版本号和目前最常用的 Python 版本。

1.3 情景导入

我们都知道，人和人之间沟通需要使用语言和文字，那么计算机和计算机、人和计算机怎么沟通呢？计算机“语言”就应运而生了。人类的语言有很多种，不同的民族和国家，语言不尽相同；计算机“语言”同样也有很多种，但是，这些“语言”最终都要编译为机器能“看懂”的机器语言。Python 被称作“胶水语言”，可用于连接多个小的甚至不兼容的部件，整合不同的库或代码。Python 最大的特征就是有非常丰富的库，并且语法简单易懂，因而深受大家喜爱。

1.4 Python 的 IDE

IDLE 是开发 Python 程序的基本 IDE（集成开发环境），具备基本的 IDE 的功能，是非商业 Python 开发的不错选择。当安装好 Python 以后，IDLE 就自动安装好了，不需要另外安装。

除了 Python 自带的 IDLE 编辑器之外，Python 的常用编辑器还有：Visual Studio Code（简称为 VSCode）、Jupyter Notebook、pycharm 等。

1.4.1 知识点详解

1. IDLE 的两种模式：脚本模式（又称为编辑器模式）和交互模式（又称为 Shell 模式）

这两种模式的界面如图 1-1 所示，要了解这两种界面的不同之处。

图1-1 IDLE的两种模式

2. IDLE 两种模式的切换方法

切换方法：新建文件即可。

交互模式的提示符是 >>>，脚本模式没有提示符。

3. IDLE 的基本操作和常用的快捷键

新建文件：File → New File（快捷键为 Ctrl+N）。

打开文件：File → Open（快捷键为 Ctrl+O）。

保存文件：File → Save（快捷键为 Ctrl+S）。

运行：Run → Run Module（快捷键为 F5）。

替换：Edit → Replace（快捷键为 Ctrl+H）。

除以上快捷键之外，图 1-2 所示的快捷键也是考点。

untitled

File Edit Format Run Options Window Help

Undo	Ctrl+Z
Redo	Ctrl+Shift+Z
Cut	Ctrl+X
Copy	Ctrl+C
Paste	Ctrl+V
Select All	Ctrl+A
Find...	Ctrl+F
Find Again	Ctrl+G
Find Selection	Ctrl+F3
Find in Files...	Alt+F3
Replace...	Ctrl+H
Go to Line	Alt+G
Show Completions	Ctrl+space
Expand Word	Alt+/
Show Call Tip	Ctrl+backslash
Show Surrounding Parens	Ctrl+0

图1-2　常用快捷键

1.4.2 易错点

（1）IDLE 的两种模式：交互模式指的是直接输入一行代码或者命令，立刻就可以反馈运行结果的模式，又称作脚本 Shell 模式；脚本模式指的是可以编辑多行命令，形成一个文件，然后可以运行文件的模式。

（2）IDLE 交互模式的提示符为 >>>，脚本模式没有提示符。

（3）IDLE 要从交互模式进入脚本模式：新建文件即可。

（4）Python 文件的扩展名为 .py 及 .pyw，所以 .pyw 文件也是 Python 文件。

（5）如果 Python 中有 import 等导入库文件的语句，在保存 Python 文件时要注意文件名不能和 import 导入的库文件重名。但是如果文件不在同一个文件夹下，命名方式不受影响。如程序中含有“import turtle”语句，则不能把文件保存为 turtle.py。

1.4.3 模拟考题

考题 1　单选题

以下选项中不是 Python 打开方式的是（　　）。

A. Python Shell-IDLE　　B. Windows 系统的命令行工具

C. VSCode　　D. Scratch

答案：D

分析：A 和 C 都可以直接编辑 Python 程序并运行，B 可以利用命令行打开 Python 文件，D 是不可以打开 Python 文件的。

考题 2　单选题

退出 IDLE 环境的命令是（　　）。

A. ESC 键　　B. close()　　C. 回车键　　D. exit()

答案：D

考题 3　单选题

创建一个新的 Python 程序，编写了下面的代码：

```
import turtle
turtle.shape("turtle")
```

保存这个 Python 文件并且取了文件名。采用以下哪个文件名，程序可以正常运行？（　　）

A. frist.py　　B. turtle.py　　C. import. py3　　D. hao.sb2

答案：A

解析：首先，Python 文件的扩展名（后缀）不可能是 .py3 和 .sb2，所以 C 和 D 被排除掉，剩下的 A 和 B 都符合 Python 的文件命名规则。但是，由于程序中使用了“import turtle”的语句，则不可以将该文件命名为 turtle，否则在导入 turtle 库时，程序会报错，因为它会把它自己当作库导入进来。

1.5 Python 的版本

1.5.1 知识点详解

（1）知道常用的 Python 版本有 Python 3 和 Python 2。

（2）知道这两个版本并不完全兼容。

（3）知道目前最常用的 Python 版本为 Python 3。

（4）知道 Python 编程语言的特征。

1.5.2 易错点

（1）等级考试对于详细的 Python 版本不做具体的要求，考生只需要了解 Python 3 和 Python 2 即可，但是要了解 Python 3 分为 32 位和 64 位两种安装版本，并且了解 Python 3 可以跨平台、跨系统运行。

（2）Python 语言的特征：Python 是一种解释型、面向对象、动态数据类型的高级程序设计语言。解释型语言是相对于编译型语言存在的，解释型语言的源代码不是直接被翻译成机器语言（编译），而是先被翻译成中间代码，再在运行时由解释器对中间代码进行解释，程序每执行一次都要翻译一次。比如 Python、JavaScript 等都是解释型语言。

（3）面向对象和面向过程：这两种都是编程语言的基本编程思想，面向对象可以看作“人物传记”，是以“人物”（对象）为“线索”的；面向过程可以看作“按照时间顺序叙事”，是以“时间”（过程）为“线索”的。

（4）动态数据类型和静态数据类型：变量的数据类型如果不能改变（一般需要提前声明），则是静态数据类型；而如果变量类型可以改变，则是动态数据类型。严格意义上来讲，Python 的变量是没有数据类型的，我们常说的 Python 的变量类型其实指的是变量所关联的对象的类型。

1.5.3 模拟考题

考题 1 判断题

Python 3 的程序可以用 Python 2 打开，但是不一定能运行。（　　）

答案：正确

分析：Python 3 程序的扩展名和 Python 2 程序的扩展名是一样的，所以无法判断程序到底是用哪个版本编写的，是可以互相打开的。但是，Python 3 和 Python 2 并不完全兼容，所以程序不一定能运行。因而，本题答案为正确。

考题 2 单选题

下列关于 Python 的表述，不正确的是（　　）。

A. Python 是一种解释型程序设计语言

B. Python 是一种面向对象型程序设计语言

C. Python 是一种动态数据类型程序设计语言

D. Python 是一种编译型程序设计语言

答案：D

分析：这道题虽然不是考核 Python 的版本问题，但是在考核 Python 的基本特征。从给出的选择答案来分析，A 和 D 是互斥的，所以答案只能在 A 和 D 中，而根据 Python 的特征来分析，Python 是一种解释型、面向对象、动态数据类型的高级程序设计语言，所以答案选择 D。

1.6 代码缩进

1.6.1 知识点详解

Python 编程规范非考点，但是建议了解。

（1）虽然 Python 没有强制性的编程规范，但是 Python 官方给了一个 PEP 8 的参考规范，因为大部分程序员会把 PEP 8 作为 Python 编程的基本规范。

（2）在 Linux 平台上，一个 Python 源码文件应该由以下部分组成。在 Windows 平台上，可以省略第一项。

①解释器声明

②编码格式声明

③模块注释或文档字符串

④模块导入

⑤常量和全局变量声明

⑥顶级定义（函数或类定义）

⑦执行代码

各部分的实例如下。

```
#!/usr/bin/env python     #解释器声明（Linux 平台需要声明）
# coding = utf-8          #编码格式声明
"""通常这里是关于本文档的说明(docstring)，须以英文(半角)的句号、问号或叹号结尾！
"""
import os, time    #模块导入
import datetime  #模块导入
BASE_PATH = r"d:\mycoding"    #常量和全局变量声明
LOG_FILE = u"dat.txt"    #常量和全局变量声明
class GameRoom(object):     # 定义类或者函数
    """代码"""
if __name__ == '__main__':  #执行代码
```

```
""" 代码 """
start()
```

（3）Python 对代码缩进是敏感的。

（4）Python 用代码缩进来代表不同的逻辑层。

（5）Python 代码缩进的规则：逻辑行的“首行”需要顶格，即无缩进；相同的逻辑层保留相同的缩进；“:”标记新的逻辑层的开启，增加缩进。

1.6.2 易错点

（1）缩进的规则。

（2）Tab 符和空格作为缩进不能混用（虽然 Python 并没有做强制要求），因为如果使用 Tab 符，则需要修改编辑器的一些设置，否则可能会出现缩进错误问题。

（3）推荐使用空格键来作为缩进的标准键。

1.6.3 模拟考题

考题 1　判断题

Python 代码中，代码缩不缩进无所谓，空格与 Tab 符也可以相互混用。（　　）

答案：错误

分析：代码缩进是有规则要求的，最起码同一个逻辑层的缩进要一致；另外，不推荐混合使用空格和 Tab 键，这会造成缩进的层级混乱。

考题 2　单选题

下面的代码，哪段是正确的？（　　）

A.
```
a = 9
if a<10:
print (a)
```

B.
```
a = 9
    if a<10:
    print (a)
```

C.
```
a = 9
if a<10:
    print (a)
```

D.
```
a = 9
if a<10
    print (a)
```

答案：C

分析：冒号代表的是行缩进的开启，所以，后面的 print(a) 语句需要缩进，A 选项没有缩进；B 选项虽然缩进了，但是 if 语句也跟着缩进了，所以也是错误的；D 选项缺失了冒号，所以也是错误的；因而只有 C 是正确的。

1.7 代码注释

1.7.1 知识点详解

代码注释分为两种：单行注释和多行注释。

单行注释使用 # 符号，# 符号后面的所有内容，程序将不做处理。

多行注释可以用 ''' 和 """：多行注释使用成对的三引号（" " " 或者 ' ' '），三引号之间的所有内容，程序都不做处理，转义符除外。

1.7.2 易错点

（1）多行注释需要成对使用三引号；单行注释不需要使用成对的引号，只需要在注释内容前面加上 # 符合即可。

（2）多行注释可以跨行，无论跨多少行都行，直到再次遇到同样的三引号结束。

（3）三引号必须是同样的三引号，不能把三单引号（' ' '）和三双引号（" " "）混合使用。

1.7.3 模拟考题

考题 1 单选题

下列可以用作多行注释的是？（　　）

A. 前后加 ###　　B. 前后加 '''　　C. 前后加 ///　　D. 前后加 ***

答案：B

分析：多行注释只能成对使用相同的三引号，所以 B 是正确的。

考题 2 单选题

下面哪个选项更接近程序的运行结果？（　　）

```
print('''Hello!
Python!  # My coding
''')    # 我的第一个程序
```

A. Hello !

B. Hello !
Python !

C. Hello !　Python!　# My coding

D. Hello !
Python!　# My coding

答案：D

分析：从程序中可以看出，这是一个由三引号组成的跨行字符串打印，这里的三引号不是注释，所以，要把三引号里面的所有内容都输出出来，包括跨行的格式等，第二行中的 # 看似是注释符号，但是由于它在三引号中，所以被当作一个字符串而并不是注释符进行处理，所以正确答案是 D。

1.8 在同一行显示多条语句

1.8.1 知识点详解

Python 可以在同一行中使用多条语句，语句之间使用分号（;）分隔，如下所示。

```
>>>print(" 中国电子学会 ");print("Python 编程等级考试 ")
>>> 中国电子学会
   Python 编程等级考试
```

1.8.2 易错点

在 Python 编程中，我们经常会将变量赋值写在一行里面，这种写法也是在同一行显示多条语句，也要使用分号（;）将不同语句隔开，并且要注意分号必须是英文（半角）的。

1.8.3 模拟考题

单选题

a="110";b="9";c=a+b;print(c) 的结果是？（　　）

A. a+b　　B. 119　　C. c　　D. 1109

答案：D

解析：这行代码实际上由 4 条语句组成，可以分解为如下代码：

```
a="110"
b="9"
c=a+b
print(c)
```

运行上面的代码可以获得 1109 的结果，所以选择 D。

第 2 课　编程基础

2.1 学习要点

（1）print() 语句。

（2）双引号和单引号。

（3）字符串及数值类型转换。

（4）input() 语句。

（5）变量的命名和使用、保留字。

2.2 对标内容

掌握变量的基本概念，会使用变量，并且掌握变量名的命名和保留字等基本语法；理解字符串、数值型变量，会对变量类型进行转换。

2.3 情景导入

盖房子需要先打地基，学习编程同样需要先从“地基”入手。在上一课中，我们对于工具有了基本的了解，这就相当于我们已经认识了写字使用的笔，但是想要写出一手好字，还需要把握笔、坐姿、笔顺、笔画等基本功练扎实了。

2.4 print() 函数

2.4.1 知识点详解

作用：打印输出，即在屏幕上显示相关信息。

用法：如果后面显示的是字符串，那么需要加引号；如果显示的是可计算的数值类的数据，可以不用加引号。

语法：

（1）输出字符串：需要在字符串前后加上引号（单引号、双引号均可，但是要成对使用），如下所示（第二行为运行结果）。

```
>>>print("我是一名学生！")
我是一名学生!
```

（2）输出有数值的数字：输出数字不需要加引号，但是 print() 函数会对输出的数字进行计算，如下所示（第二行为运行结果）。

```
>>>print(4+8)
12
```

（3）输出变量：如果字符串没有加引号，print() 函数会把它当作变量来处理，如果该变量在 print() 函数之前已经进行过赋值，则会输出该变量的值，如下所示（第三行为运行结果）。

```
>>>coding = "Python 3"      # 给变量 coding 赋值
>>>print(coding)            # 输出 coding
Python 3
```

（4）输出多个内容：print() 函数可以同时输出多个对象，对象之间用逗号隔开，如下所示。

```
>>>a = 6
>>>b = "China"
>>>print(a,b)
6 China
```

（5）换行：print() 函数默认是在本命令结束后进行换行，如果不需要换行，则需要将默认的参数 end = '\n'（换行符）改成其他字符，则该命令结束后将自动输出该字符，如下页所示。

```
print("I am ",end ="--")
print("student")
I am --student  #运行结果
```

2.4.2 易错点

（1）对于 print() 函数中的数字，一定要注意观察是否加了引号，如果加了引号，则会当作字符串而不是数字来进行处理。

（2）print() 函数可以跨行输出，但是需要使用三引号，如下所示。

```
>>> print('''*
**
***
****''')
*
**
***
****
```

（3）print() 函数中的引号（单引号、双引号、三引号）均必须是英文状态下的半角引号。

（4）转义符：在 print() 函数中，有时候需要输出英文的单引号或者双引号，由于其有着特殊的含义，所以需要配合 Python 中的转义符 \ 来进行转义（转义符的使用详见字符串相关内容），如下所示。

```
>>>print("I\'m XiangJin.")    # 利用转义符输出 '
I'm XiangJin.                 # 运行结果
```

2.4.3 模拟考题

考题 1 单选题

在 Python 中，下列哪个函数用于输出内容到终端？（　）

A. print()　　B. output()　　C. import()　　D. echo()

答案：A

解析：输出内容到终端其实就是显示，所以选 A。

考题 2 单选题

print(6+8/2) 输出的结果是（　　）。

A. 7　　B. 10.0　　C. 10　　D. 6+8/2

答案：B

解析：8/2 的结果虽然是整数 4，但是在 Python 中，除法默认会自动保留一位小数（在能除尽的情况下），所以 8/2 的结果是 4.0，6+4.0 等于 10.0，因而答案是 B。

考题 3 判断题

print('I\'m ok.') 因为有 3 个单引号，所以程序是错误的。（　　）

答案：错误

解析：虽然这里使用了 3 个单引号，但是第二个单引号是在转义符 \ 后面，所以是直接输出单引号，该命令输出的结果是“I'm ok.”。

2.5 变量及变量命名

2.5.1 知识点详解

1. 关于变量

Python 中的变量并不直接存储值，而是对存储了值的内存地址的引用。这是因为 Python 采用基于值的内存管理模式。我们可以这样理解：内存就像是一个个的盒子；值就像是盒子里的物品；而变量则是贴在盒子上的一个个标签。正因为如此，Python 中，变量不需要提前声明，但是一定要指向（或者关联）某一个对象（在这里我们可以把对象理解为放到盒子里的值），变量在指向对象的时候就自动创建了。

2. 变量的命名规则

（1）变量名由大小写字母、数字、下画线，以及汉字等字符串组合，但是，一般情况下，我们并不鼓励使用汉字作为变量名。

（2）变量名必须以字母或下画线开头（不能以数字开头），但以下画线开头有特殊的含义，我们也不鼓励开头使用下画线。

（3）变量名中不能有空格或者标点符号（如逗号、顿号、分号、冒号等）。

（4）不能将保留字作为变量名使用。

（5）Python 变量名是大小写敏感的，也就是说，同样的字母，大写和小写

代表不同的变量。

3. 保留字

保留字也称关键字，是指在语言本身的编译器中已经定义过的单词，具有特定含义和用途，用户不能再将这些单词作为变量名或函数名、类名使用。

Python 的保留字可以通过下面的命令查看。

```
>>> import keyword
>>> keyword.kwlist
```

Python 语言的 35 个保留字如下（一级要求记住标 * 的 18 个，但考试时也可能出现其余的 17 个）：False*、None*、True*、and*、as*、assert、async、await、break、class、continue、def*、del*、elif*、else*、except、finally、for*、from*、global、if*、import*、in*、is*、lambda、nonlocal、not*、or*、pass、raise、return、try、while*、with、yield。

若将保留字作为变量名并赋值，将会得到语法错误提示，如下所示。

```
>>> if = "Python"
SyntaxError: invalid syntax
```

2.5.2 易错点

（1）虽然不鼓励用汉字作为变量名，但是不能说变量名用汉字就是错误的。

（2）Python 允许同时为多个变量赋值，该种赋值有两种情况：第一种，多个变量指向同一个对象；第二种，多个变量指向不同对象，在该种情况下要注意变量和对象的数量要一致，如下所示。

```
a = b = c = 1                 #第一种：多个变量指向同一个对象
a,b,c,d = 1,2,3,'Python'  #第二种：多个变量指向不同对象
```

（3）命令函数不一定是保留字符，比如求和函数 sum() 中的 sum 就不是保留字符，sum 是可以当作变量名使用的。

2.5.3 模拟考题

考题 1 判断题

as、is、class、true 都不可以作为变量名。（　　）

答案：错误

解析：as、is、class 确实是 Python 的保留字，但是 true 不是，虽然它和

True 长得很像，但是，根据 Python 的变量规则：大小写是敏感的，所以 True 和 true 不是一回事，所以 true 是可以当作变量名的。

考题 2 单选题

以下哪个变量命名不符合 Python 规范？（　　）

A. 语言 ='Python'　　B. _language='Python'

C. language='Python'　　D. .language='Python'

答案：D

解析：变量名称中除了下画线之外，其余的标点符号都不能有，所以 D 是错误的；A 选项使用了中文，看似也是错误的，但是根据 Python 的变量规则，可以使用中文命名变量，只是为了尽可能靠近 Python 的编程规范，不鼓励使用中文来命名变量而已，不能说用中文命名变量就错了。

考题 3 单选题

下列哪个不是 Python 的保留字？（　　）

A. if　　B. or　　C. turtle　　D. for

答案：C

解析：本题目中的 C 极具迷惑性，因为一级考试中要求同学们掌握 turtle 库，所以好多同学误认为 turtle 是保留字，但是，库文件名和保留字不能等同，库文件名是可以作为变量使用的。所以本题正确答案是 C。

考题 4 单选题

运行下列语句后显示的结果是什么？（　　）

```
b = 2 * a / 4
a = 1
print(a,b)
```

A. 1 , 0.5　　B. 1 , 0　　C. 报错　　D. 0 , 1

答案：C

解析：这道题，看似 a 和 b 都有赋值，但是我们仔细分析，发现 b 在赋值时引入了变量 a，但是这时候 a 还没有进行变量与对象的匹配（也可以理解为 a 还没有赋值），所以这时候 a 变量是在内存中不存在的，必然会报错。因而答案为 C。

2.6 内置对象类型、类型转换

2.6.1 知识点详解

Python 常见的内置对象类型有如下 6 种：数字、字符串、列表、元组、字典、集合。在一级考试中，我们只要求掌握数字（整型和浮点型）与字符串类型的互相转换。

1. 把其他数据类型转换为数字类型（含整型和浮点型）

首先，其他数据类型必须是数字组成的字符串，非数字字符组成的字符串是不能转换为数字；其次，转换的方式为如下 3 种。

int()：作用是将其他对象类型转换为整数，如下所示。

```
>>>int ('123')    # 将字符串转换为整数
123
>>>int(12.3)      # 将浮点数转换为整数
12
```

float()：作用是将其他对象类型转换为浮点数，如果原对象类型为整型，则保留 1 位小数；如果原对象本身含有小数点，则按照原对象小数点后面的位数进行保留，如下所示。

```
>>>float ('123.24')    # 将字符串转换为浮点数
123.24
>>>float(12)           # 将整数转换换为浮点数
12.0
```

eval()：作用是返回传入字符串的表达式的结果，由于返回的是表达式的值，所以 eval() 的返回值是数字类型的对象，如下所示。

```
>>>eval('4+6')       # 将字符串 4+6 表达式的值返回
10
>>>eval("123.4")     # 将字符串 123.4 的值返回
123.4
```

2. 将其他数据类型转换为字符串类型

该种转换，只能使用 str() 函数，str() 函数的功能是将其他数据类型转换为字符串类型，如下页所示。

```
>>>str(10)
'10'
```

3. type()函数

该函数的主要作用是查看对象的数据类型，返回的值常见的有 <type 'int'>、<type 'str'>、<type 'list'>、<type 'float'> 等和对象类型相匹配的类型名称，如下所示。

```
>>>type("123")
<type 'str'>
```

4. 字符串类型的基本运算

加法运算：字符串和字符串可以进行加法运算，相当于把两个字符串连接在一起。

乘法运算：字符串可以和整型数据类型进行乘法运算，相当于把该字符串重复显示多少次。字符串在整型数据前后均可，如下所示。

```
>>>print(" 电子学会 "*3)
电子学会电子学会电子学会
>>>print(*3" 电子学会 ")
电子学会电子学会电子学会
```

5. 数字类型的运算

这种类型的运算比较多也比较复杂，所以我们将把这一部分内容放到运算符中来进行详解。

2.6.2 易错点

（1）字符串的加法运算必须在字符串类型之间进行，不能和其他类型进行加法运算，比如 print("123"+3) 是错误的。

（2）str() 函数在进行转换前要对对象进行计算，如下所示。

```
>>>a = 4+8
>>>print(str(a))
12
```

（3）eval() 函数可以计算表达式的结果，不可计算的表达式是无法计算的，比如含有字母的字符串，还有我们将在二级考核的列表等，所以在使用时必须要

注意表达式是否可以转换为可计算的表达式。例如：eval('1+2+4.5') 是可以计算的；但是 a = "1+2" 时，eval(a+"4.5") 可以计算，eval(a+4.5) 和 eval('a+4.5') 就不可以计算。

2.6.3 模拟考题

考题 1 单选题

```
a=5
print('a+4')
```

以上两段代码的运行结果是？（　　）

A. 9　　B. 'a+4'　　C. 无结果，出错　　D. a+4

答案：D

解析：根据题意可知 a 的值是 5，但是 print('a+4') 是一个字符串，并不是一个运算表达式，所以输出的结果是 a+4。

考题 2 单选题

以下哪种输入结果不可能得到以下反馈：重要的事情说 3 遍：安全第一！安全第一！安全第一！（　）

A. print(" 重要事情说 3 遍："+" 安全第一！ "*3)

B. print(" 重要事情说 3 遍："+" 安全第一！ "+" 安全第一！ "*2)

C. print(" 重要事情说 3 遍："+" 安全第一！ "+" 安全第一！ "+" 安全第一！ ")

D. print(" 重要事情说 3 遍："+" 安全第一！ "/3)

答案：D

解析：这是一个典型的字符串运算的题目，根据字符串运算的规则，A、B、C 均可让“安全第一”重复 3 次，但是字符串不可以进行除法运算，所以 D 是错误的。

 2.7 input() 函数

2.7.1 知识点详解

input() 函数是 Python 用来进行人机交互的，Python 3 中，input() 函数接受一个标准输入数据，返回为字符串类型。

input() 函数里面的参数是提示信息，会在进行人机交互时输出在屏幕上，所以 input() 函数里面的参数只能使用字符串，如：input(" 请输入您的姓名：")

如果没有提示信息，屏幕上不会出现提示信息。

2.7.2 易错点

在进行人机交互的时候，无论用户输入的是否是字符串，input() 函数返回的值的类型都是字符串类型，所以如果要对输入的数字进行运算，必须要对返回的值进行数据类型的转换，如下所示。

```
>>>a = input(" 请输入一个整数 ")
>>>b = int(a)+12
>>>print(b)
```

如果需要将 input() 返回的值转换为数字类型，可以使用 int()、float() 或者 eval() 函数。

2.7.3 模拟考题

考题1 编程题

已知一头奶牛每天可以产 20 千克牛奶。N（N 为变量）头奶牛 7 天可以产多少千克的牛奶？要求：

（1）程序开始运行后，会有提示字符串："请输入奶牛的头数："，完成奶牛头数的输入（可以直接赋值提示字符串到程序中，提示字符串包括冒号，但不包括双引号）；

（2）程序会根据输入的奶牛头数计算出总共产出的牛奶的重量，并将结果进行修饰然后输出。示例：如果输入奶牛的头数为 10，则输出"10 头奶牛 7 天可以产 1400 千克的牛奶"。

评分标准：

（1）有输入语句并且有清楚的提示字符串（2 分）；

（2）有输出语句并且按照样例输出（2 分）；

（3）有类型转换语句（2 分）；

（4）有计算语句（2 分）；

（5）程序符合题目要求（2 分）。

参考程序 1

```
N = input("请输入奶牛的头数：")
N = eval(N)
milk = N*20*7
print(N,"头奶牛 7 天可以产",milk,"千克的牛奶")
```

参考程序 2

```
N = input("请输入奶牛的头数：")
N = int(N)
milk = N*20*7
print(N,"头奶牛 7 天可以产",milk,"千克的牛奶")
```

解析：这是一道编程题，题目本身不难，但是由于要进行数学四则运算，所以一定要将 input() 函数返回的值进行类型转换，否则程序会报错。从参考程序可以看到，无论是用哪一种方法，类型转换都必不可少。

考题 2 单选题

程序：

```
a = input("请输入一个数字")
b = a*3
```

运行后，如果用户输入的数字是 44，那么这时候 b 是多少？（　　）

A. 44　　B. 444444　　C. 132　　D. 程序会报错

答案：B

解析：用户输入的是 44，但是由于程序中并没有对 44 进行类型转换，所以 44 的类型仍然是字符串类型，对字符串类型数据进行乘法运算，代表将该字符串重复输出该次数，所以 b 的结果是 44 重复 3 次，即 444444，选 B。

第3课　运算符

3.1　学习要点

（1）Python 的 4 种运算符：算术运算符、赋值运算符、比较运算符、逻辑运算符。

（2）运算符的优先级。

3.2　对标内容

（1）掌握并熟练编写带有数值类型变量的程序，具备解决数学运算基本问题的能力。

（2）理解比较表达式、运算符、逻辑运算的基本概念，掌握 Python 编程基础的逻辑表达式。

（3）学会使用算术运算符（+、-、*、/）、赋值运算符（=）、比较运算符（==、<、>、<=、>=、!=）、逻辑运算符（and、or、not），知道运算符的优先顺序。

3.3　情景导入

计算机编程最早是为了解决数学问题而发明的。宽泛地说，我国古代的算盘也是一种计算器，只不过这种计算器不是用电的。计算机编程始终是和数学紧密结合的，特别是人工智能时代的编程，大部分是对数据的处理和挖掘，这些都离不开数学。所以，学好数学对学习编程有着非常重要的帮助；反过来，学习编程也有利于学习数学。

3.4 算术运算符

3.4.1 知识点详解

Python 中的算术运算符一部分和我们数学中的算术运算符一致，但是也有一部分很不相同，具体如表 3-1 所示。

表 3-1　算术运算符

名称	数学中的运算符	Python 中的运算符	在 Python 中的作用
加	+	+	把两个对象相加
减	−	−	把两个对象相减
乘	×	*	把两个数相乘或是返回一个被重复若干次的字符串
除	÷	/	把两个对象相除，商是小数（哪怕能整除，也保留一位小数）
取整除		//	取两个数相除的商（整数）
取模		%	取两个数相除的余数
幂		**	取 x 的 n 次方的结果

Python 中的加和乘可以用于字符串类型运算，但是其他运算符不能用于字符串类型。

在 Python 中有两个运算符在小学数学中是没有的，一个是取整除，一个是取模，这两个运算其实都是数学除法运算在 Python 中的补充。

算术运算符的运算规则和顺序是和数学中的四则混合运算的规则和顺序一致的。

3.4.2 易错点

（1）取整除（//）是向下取整，不是四舍五入，也可以理解为去掉余数。比如：24//5 的结果 4，并不是 5。

（2）取模（%）是取两个数相除的余数，如果能整除，则取模结果为 0。

3.4.3 模拟考题

考题 1 单选题

a=2，b=3，那么 c=a**b 运算的结果是？（　　）

A. 6　　B. 8　　C. 9　　D. 23

答案：B

解析：** 在 Python 中代表的是幂运算，相当于数学中的 2^3，也就是 3 个 2 相乘，所以结果是 8，选 B。

考题 2 单选题

执行 (2*3)/(9−3*2)，输出的结果是什么？（　　）

A. 1　　B. 2.0　　C. 2　　D. 1.0

答案：B

解析：根据数学运算的规则，题目中的算式可以写成 6 ÷ 3。虽然 6 ÷ 3 确实等于 2，但是在 Python 中，如果能除尽，系统会自动保留一位小数，所以正确的应该是 2.0 而不是 2，所以 B 正确。

考题 3 单选题

print(46//8) 的结果是？（　　）

A. 5　　B. 6　　C. 5.0　　D. 5.75

答案：A

解析：// 在 Python 中是取整除运算符，其作用是取两个数相除的商（整数），舍弃余数。本题中，46 除以 8 的商是 5，所以选择 A。这里特别要提醒大家，取整除运算的结果是没有小数点的，所以 C 也是错误的。

考题 4 单选题

要抽出一个三位数（如 479）的个位上的数字，输入以下哪段代码可以获得其中的个位数上的 9？（　　）

A. print(479%10//10)　　B. print(479//10//10)

C. print(479%10%10)　　D. print(479//10%10)

答案：C

解析：要取三位数的个位上的数字，其实最简单的方法就是求这个数除以 10 的余数，但是题目中并没有 479%10 的选项。我们经过观察就可以看出，A 和 C 比较符合，那么我们来看 A 选项，它可以转化为 9//10（9 整除 10），结果为 0；C 选项可以转化为 9%10（9 取模 10），结果为 9，所以选择 C。当然，我们也可以计算一下其他两个选项，B 的结果为 4；D 的结果为 7。其实通过这道题，我们也可以学会怎么拆分一个三位数。

3.5 赋值运算符

3.5.1 知识点详解

在数学运算中，赋值运算只有一种，就是等于（=）；但是在 Python 中，却有很多种赋值运算，如表 3-2 所示。

表 3-2 赋值运算符

运算符	描述	举例	作用
=	最常见的数学赋值运算	a = 5	把 5 赋值给 a
+=	加法赋值运算符	a += b	相当于 a = a+b
-=	减法赋值运算符	a -= b	相当于 a = a-b
*=	乘法赋值运算符	a *= b	相当于 a = a*b
/=	除法赋值运算符	a /= b	相当于 a = a/b
%=	取模赋值运算符	a %= b	相当于 a = a%b
**=	幂赋值运算符	a **= b	相当于 a = a**b
//=	取整除赋值运算符	a //= b	相当于 a = a//b

除了等号（=）运算符，剩余的运算符都是相应算术运算符的简写。

3.5.2 易错点

除了用等号赋值之外，其余的赋值方式在数学中是没有的，所以除了等号外都是易错点。

3.5.3 模拟考题

考题 1 单选题

已知变量 a=2，b=3，执行语句 a%=a+b 后，变量 a 的值为（　　）。

A. 0　　B. 2　　C. 3　　D. 12

答案：B

解析：该题主要的考核点就是取模赋值，根据取模赋值的公式，a%=b 相当于 a = a%b，可以将考题中的语句 a% = a+b 中的 a+b 作为一个整体参与取模赋值，所以原算式可以等价于 a = a%(a+b)，根据题目给的变量值，可以代入数值 a = 2%(2+3)，结果为 2，所以答案为 B。

考题 2　单选题

已知变量 a=5，b=6，执行语句 a*=a+b 后，变量 a 的值为（　　）。

A. 11　　B. 30　　C. 31　　D. 55

答案：D

解析：根据 *= 运算符的运算规则，a*=a+b 可以转换为 a = a*(a+b)，将 a、b 的值代入算式，可得到 a = 5*(5+6)，结果为 55，所以正确答案是 D。

3.6 比较运算符

3.6.1 知识点详解

比较运算符又称为关系运算符，其最大的特点就是返回值只有两种：True 或者 False。

比较运算用于对常量、变量或表达式的结果进行大小比较，如果这种比较是成立的，则返回 True（真），反之则返回 False（假）。

Python 中常用的比较运算符如表 3-3 所示。

表 3-3　比较运算符

比较运算符	名称	说明
>	大于	如果 > 前面的值大于后面的值，则返回 True，否则返回 False
<	小于	如果 < 前面的值小于后面的值，则返回 True，否则返回 False
==	等于	如果 == 两边的值相等，则返回 True，否则返回 False
>=	大于等于	等价于数学中的≥，如果 >= 前面的值大于或者等于后面的值，则返回 True，否则返回 False
<=	小于等于	等价于数学中的≤，如果 <= 前面的值小于或者等于后面的值，则返回 True，否则返回 False
!=	不等于	等价于数学中的≠，如果 != 两边的值不相等，则返回 True，否则返回 False
is	是	判断两个变量所引用的对象是否相同，如果相同则返回 True，否则返回 False
is not	不是	判断两个变量所引用的对象是否不相同，如果不相同则返回 True，否则返回 False

3.6.2 易错点

1. ==和=

在编程中，经常会出现将 == 误写成 = 的情况，因为我们习惯将口头上的“等

于”写成 =，但是我们口头上的“等于”可能有两种意思：一种是将一个值赋值给另外一个变量，这时候，使用 =；而有时候我们所说的“等于”表示的是比较两个对象是否相等，这时候，要使用 ==，如下所示。

```
>>> a = 5   #把 5 赋值给 a，返回值是 5
>>> a == 5  #看 a 是否和 5 相等，返回值只有 True 或者 False
```

2. ==和is的区别

初学 Python，大家可能对 is 比较陌生，很多人会误将它和 == 的功能混为一谈，但其实 is 与 == 有本质上的区别，完全不是一码事儿：== 用来比较两个变量的值是否相等，而 is 则用来比对两个变量引用的是否是同一个对象，如下所示。

```
>>>a = [5,2]
>>>b = [5,2]
>>>print(a==b)
True
>>>print(a is b)
False
```

通过上面的案例我们可以看出，a 和 b 的值虽然是相等的，但是，a 并不是 b。

3.6.3 模拟考题

考题 1 单选题

执行语句 print(10==10.0)，结果为（　　）。

A. 10　　B. 10.0　　C. True　　D. False

答案：C

解析：本题的考核点主要在于 = 和 == 的区别，= 是赋值运算符，而 == 是比较运算符，10 和 10.0 是相等的，所以返回值是 True。

考题 2 单选题

下列代码的运行结果是（　　）。

```
a=0
b=False
print(a==b)
```

A. 0　　B. False　　C. True　　D. error

答案：C

解析：本题有两个考点，一个是对比较运算符 == 的理解和应用，还有一个就是对 False 和 0 的关系的考核。在 Python 中，0 和空都是 False，所以，False 是和 0 相等的，本题的答案是 C。

3.7 逻辑运算符

3.7.1 知识点详解

Python 中的逻辑运算符只有 3 个：and、or 和 not，如表 3-4 所示。

表 3-4 逻辑运算符

逻辑运算符	名称	描述
and	与	逻辑与运算，等价于数学中的“且”
or	或	逻辑或运算，等价于数学中的“或”
not	非	逻辑非运算，等价于数学中的“非”

Python 中的逻辑操作符 and 和 or，也叫惰性求值，就是从左至右解析。由于它们是惰性的，只要确定了值，就不往后解析代码。

逻辑 or 运算，是 True 惰性求值：只要第一个值是 True 或非 0，整条指令为 True 或非 0，后面就不再做运算；反之，如果第一个是 False，后面不管是 True 还是 False，都是返回后面的值。

逻辑 and 运算，是 False 惰性求值：只要第一个值是 False，结果就是 False，后面的就不需要运算了，无论后面是 True 还是 False；反之，如果第一个值是 True，直接返回后面的值。

逻辑 not 运算，是将之前的值进行翻转，之前的值是 True，运算后变成 False；之前的值是 False，运算后变为 True。

3.7.2 易错点

and 运算是 False 惰性求值，所以只要前面的值是 False，则不需要看后面的值。

or 运算是 True 惰性求值，所以只要前面的值是 True 或者非 0，则不需要看后面的值。

在 Python 中，True 不仅仅是 1，只要是非 0 及非空的对象都被认为是

True，所以 and、or 的返回值不一定只有 True 和 False，如下所示。

```
>>>print(123 or 22 )
123
>>>print(20 and "abc")
abc
```

3.7.3 模拟考题

考题 1 单选题

假设 a=20，b=3，那么 a or b 的结果是（　　）。

A. 20　　B. False　　C. True　　D. 3

答案：A

解析：根据 Python 的 or 运算的规则，如果 or 前面的值为 True，则整个运算的值为前面的值，否则为后面的值；20 是非 0 的，所以为 True，返回值自然是 20。这里最容易搞错的是以为返回值是 True，Python 的逻辑运算 or 和 and 返回的值，只有前或者后运算中的结果确实是 True 时才返回 True。

考题 2 单选题

已知 x=5，y=6，则表达式 not(x!=y) 的值为（　　）。

A. True　　B. False　　C. 5　　D. 6

答案：B

解析：根据题目信息，我们可以将 not(x!=y) 修改为 not(5!=6)，5 确实不等于 6，所以 5!=6 返回的值为 True，但是由于前面加了 not 进行翻转，所以 not(5!=6) 的结果为 False，应选择 B。

 3.8 运算符的优先级

3.8.1 知识点详解

所谓优先级，就是当多个运算符同时出现在一个表达式中时，先执行哪个运算符。

我们已经学过的 Python 运算符的优先级如表 3-5 所示。

表 3-5　Python 运算符的优先级

运算符说明	Python 运算符	优先级	优先级顺序
小括号	()	8	高
乘方	**	7	↑
乘除	*、/、//、%	6	
加减	+、-	5	
比较运算符	==、!=、>、>=、<、<=	4	
逻辑非	not	3	
逻辑与	and	2	
逻辑或	or	1	低

3.8.2 易错点

运算符除了要考虑优先级之外，还需要考虑运算符的结合性，所谓结合性，就是当一个表达式中出现多个优先级相同的运算符时，先执行哪个运算符：先执行左边的叫左结合性，先执行右边的叫右结合性。比如 1000/ 25 * 16，由于乘除是同一级别运算符，那是先算哪一个呢？根据四则混合运算的原则，我们学习过的运算符多数属于左结合性（即先算左边的），只有幂（**）、逻辑非（not）是右结合性。

Python 逻辑运算返回为 True 时，值不一定是 True 或者 1，而可以是表达式的值，这一点与其他编程语言有很大的区别，我们一定要注意。

3.8.3 模拟考题

考题 1 单选题

在下面的运算符中，按照运算优先级，哪一个是最高级？（　　）

A. **　　B. *　　C. +　　D. //

答案：A

解析：本题主要考核运算符的优先级，题目中比较幂（**）、乘（*）、加（+）、整除（//）这 4 个运算符的优先级，显然，优先级最高的是幂运算，其次是乘和整除，最低的是加，因而答案是 A。

考题 2 单选题

假设 a=2，b=1，c = a and b - 1，那么 c 的值是（　　）。

A. 3　　B. 1　　C. 2　　D. 0

答案：D

解析：首先，由于本题涉及多个运算符的运算，所以先要看这些运算符的优先级，题目中涉及 =、and、- 这 3 种运算符，由于 = 是赋值运算符，并非是比较运算符 ==，所以只剩下 and 和 - 两种运算符，根据规则，- 运算符的优先级要高于 and，所以先算 -，原算式可以改为 c = 2 and (1-1)，即 c = 2 and 0；根据 and 的运算规则，我们可以得出 c = 0，所以选择 D。

考题 3 单选题

print(2*3 > 4*2 or 121>12 and 7 % 3 == 4 %3) 的结果是（　　）。

A. False　　B. True　　C. 3　　D. 4

答案：B

解析：这是一个典型的运算符优先级的考题，由于整个计算里涉及的运算符比较多，我们根据优先级进行分步计算。根据规则，题目中的 *（乘）和 %（取模）属于该式中的最高级运算符，优先进行计算，这样我们可以将原式改为 6 > 8 or 121 > 12 and 1 == 1；接下来，比较运算符是最高级的，需要先进行计算，则原式可以改为 (6 > 8) or (121 > 12) and (1 == 1)，经过计算，算式又进一步演变为 False or True and True；接下来，or 和 and 运算，and 的优先级高，先进行计算，原式可以改为 False or (True and True)，即 False or True；根据 or 的运算规则，前面的为 False，则结果是 or 后面的值，所以答案是 True，选择 B。

第 4 课 turtle 库

4.1 学习要点

turtle 库的综合应用，利用 turtle 绘制各种不同的图形。

4.2 对标内容

（1）会用 turtle 库完成简单的顺序执行的 Python 程序，能够解决较为简单的问题。

（2）会编写含有变量及库文件的基本程序。

（3）具备用计算思维的方式解决简单问题的能力。

（4）知道第三方库 turtle 的功能，会导入该库文件，掌握它的一些简单使用方法。

4.3 情景导入

如果你认为 Python 只能做那些冷冰冰的数据处理，那你就错了，Python 也可以做很多有趣的事情，比如同学们喜欢的画画，Python 也非常“擅长”，它甚至可以绘制出一幅与众不同的画作。那 Python 笔下的画作是什么样的呢？让我们拭目以待吧！

4.4 turtle 的坐标系

turtle 的坐标系有两个：一个是画布在整个屏幕中的坐标系，另一个是画笔在整个画布中的坐标系。

4.4.1 知识点详解

1. 画布在屏幕中的坐标系

画布在屏幕中的坐标系如图 4-1 所示。

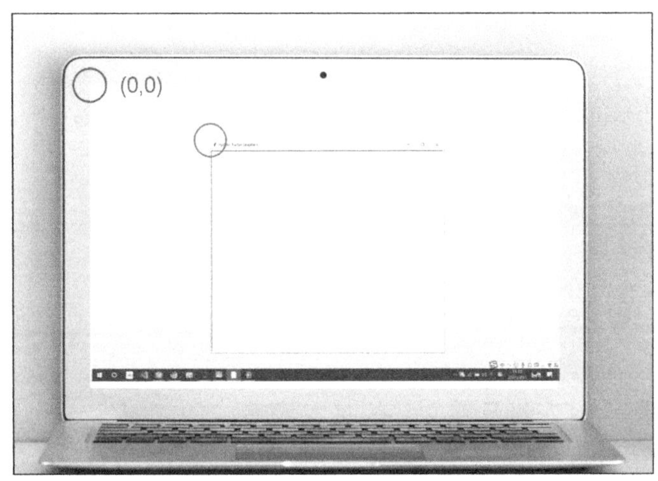

图4-1 画布在屏幕中的坐标系

画布的（0,0）坐标位于屏幕的左上方。

最小单位为像素。

setup() 设置画布大小及位置，格式为：turtle.setup(width,height,startx,starty)。

setup() 的参数：第一个为画布长度，第二个为画布高度，第三个为画布起始的 x 坐标，第四个为画布起始的 y 坐标。

setup() 不是必需的，只有当需要改变画布大小或者坐标位置的时候使用；如果没有设置 setup()，直接使用 turtle 进行绘图，画布默认的大小尺寸为 800 像素 ×600 像素，并且位于屏幕的正中央。

setup() 的 4 个参数，可以没有坐标信息，甚至可以连 4 个参数都没有。如果 4 个参数都没有，则按照默认尺寸和位置进行设置。

setup() 前两个参数可以使用小于等于 1.0 的小数表示，代表的是画布的大小占整个屏幕尺寸的比例。比如 setup(1.0,1.0) 代表的是按屏幕尺寸（宽和高）100% 的比例进行设置，setup(0.5,0.5) 代表的是按屏幕尺寸的 50% 比例缩小画布。

2. 画笔在画布中的坐标系

画笔在画布中的坐标系和画布在屏幕中的坐标系是不一样的，最大的不同是画布的正中心是坐标系的原点 (0,0)，如图 4-2 所示。

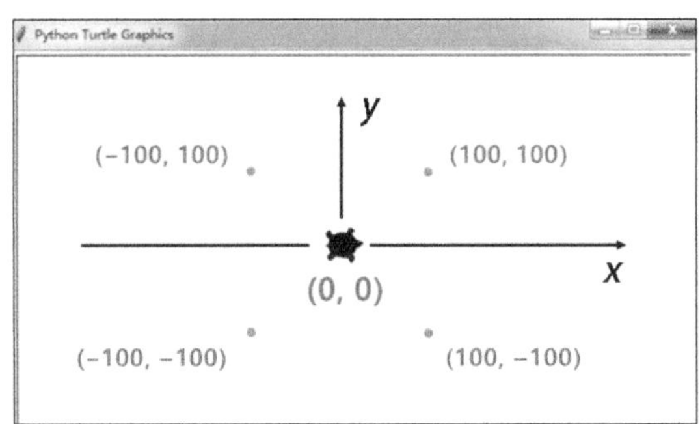

图4-2 画笔在画布中的坐标系

由图 4-2 我们可以看出来，这就是标准的 xOy 坐标系，横坐标为 x，纵坐标为 y，原点 O 的坐标为 (0,0)。

对应的命令：turtle.goto(x,y)，作用为让小海龟走到指定的坐标。

turtle.goto(x,y) 的单位为像素。

4.4.2 易错点

（1）两个坐标系的原点位置不同，要注意是在设置哪个坐标系。

（2）setup() 不是必需的，默认的画布尺寸为 800 像素 ×600 像素，而并非 400 像素 ×300 像素。

4.4.3 模拟考题

考题 1 单选题

以下哪个 turtle 库中的指令不会使小海龟发生位置移动变化？（　　）

A. 在 turtle 库中的指令 forward ( )　　B. 在 turtle 库中的指令 goto ( )

C. 在 turtle 库中的指令 setup ( )　　D. 在 turtle 库中的指令 home ( )

答案：C

解析：A 为让小海龟前进，B 为让小海龟到达指定的坐标，C 为设定画布的大小，D 为让小海龟回到原点，所以只有 C 不会使小海龟发生移动。

考题 2 单选题

在 turtle 库中，用于将画笔移动到坐标（x,y）的命令是（　　）。

A. turtle.go(y,x)　　B. turtle.go(x,y)

C. turtle.goto(x,y)　　D. turtle.goup(x,y)

答案：C

解析：这道题很具有迷惑性，go 和 goto 很像，但是，在 turtle 库中，只有 goto 函数，所以答案是 C。

4.5 turtle 的画笔体系

4.5.1 知识点详解

1. 画笔的命名

在 turtle 中可以有多支画笔，但是每一支画笔都必须要有自己独有的名字，如果只有一支画笔，则不需要命名。

画笔命名函数：turtle.Pen()；格式为 pen1 = turtle.Pen() ，前面的 pen1 为画笔的名称。命名画笔后，该画笔的所有函数均需要在前面加上画笔名称，不能再使用默认的 turtle 前缀。

2. 画笔设置函数

（1）turtle.pensize(a)

作用：设置画笔的粗细。

参数：a 代表画笔的像素数。

特别说明：画笔设置粗细只改变设置后的绘图，设置前已经绘制的图形不改变。

（2）turtle.penup()

作用：抬笔。

参数：无。

特别说明：抬笔后，画笔的所有操作及移动都不会在画布上留下痕迹。

（3） turtle.pendown()

作用：让画笔落下。

参数：无。

特别说明：画笔落下后，才能够绘制相应的图形。

（4） turtle.hideturtle()

作用：隐藏小海龟，表示不显示小海龟。

参数：无。

特别说明：隐藏并不影响小海龟的绘图，即隐藏后小海龟还是可以绘图的。

（5） turtle.showturtle()

作用：显示小海龟。

参数：无。

（6） turtle.shape() 和 turtle.Turtle()

作用：设置小海龟的形状。

参数：括号里面只能填海龟形状，在 turtle 中，小海龟的形状只有 6 种，分别为 "arrow" "turtle" "circle" "square" "triangle" 和 "classic"。

特别说明：默认小海龟形状为 "classic"；参数为字符串，所以须要加引号，例如 turtle.shape("arrow")。

（7） turtle.write(arg,move=false,align='left',font=('arial',8,'normal'))

作用：在小海龟当前位置书写文字。

参数：arg 为需要书写的文字信息；move 为可选参数，如果 move 为 True，则笔将移动到右下角；align 为可选参数，只能是字符串 "left"（左）、"center"（中）或 "right"（右）之一，表示字符的对齐方式；font 为可选参数，表示所要使用的字体。

特别说明：turtle.write() 是将文字显示在绘制的画布上，不是显示在 IDLE 的交互环境里。

3. 与颜色相关的设置

（1） turtle.pencolor(color)

作用：设置画笔的颜色。

参数：color 代表的是画笔颜色。

特别说明：参数 color 有两种表示方式：第一种为字符串形式，内容为颜色的英文，字母用小写的，如 "green""red"；第二种为 RGB 三元组值形式，RGB 是工业界的一种颜色标准，是指红、绿、蓝 3 种颜色的数值，数字越大，该颜色越深，如 turtle.pencolor(255,255,255) 代表的是黑色。但是在使用 RGB 三原色时，需要在前面加上 turtle.colormode(255) 将颜色设定为 RGB 模式。

（2） turtle.color(color1,color2)

作用：同时设置画笔及填充的颜色。

参数：第一个参数 color1 代表的是画笔颜色，第二个参数 color2 代表的是填充颜色。

特别说明：如果只有一个参数，则代表该颜色既是画笔颜色也是填充颜色。参数 color1 和 color2 均可以使用 RGB 模式表示。

（3） turtle.fillcolor(color)

作用：设置填充颜色。

参数：color 代表是填充颜色。

特别说明：填充颜色需要在开始填充前进行声明才有效。参数可以使用 RGB 模式表示。

（4） turtle.begin_fill()

作用：设置填充的起始点，表示开始填充。

参数：无。

特别说明：开始填充必须和结束填充成对配合使用。

（5） turtle.end_fill()

作用：设置填充的终点，表示结束填充。

参数：无。

特别说明：结束填充必须和开始填充成对配合使用。

（6） turtle.bgcolor(color)

作用：设置画布的背景颜色。

参数：color 为背景颜色的文本名或 RGB 数值。

4.5.2 易错点

（1）命名多支画笔时必须使用 turtle.Pen()，命名的格式为 a（画笔名）

=turtle.Pen()。这里要特别注意 P 要大写。

（2）所有的颜色设置，均可以采用字符串和 RGB 两种模式，但是在字符串模式下，颜色名称一定要加引号。

（3）所有的颜色设置也可以采用 RGB 值来表示，虽然这不在等级考试的要求中，但是不能因此就认为使用 RGB 值表示就是错误的。

（4）turtle.begin_fill() 函数必须在开始绘制需要填充的图形前就声明。

（5）turtle.Turtle() 命令除了可以设置小海龟的形状外，也可以进行多支画笔的设置。

4.5.3 模拟考题

考题 1 单选题

下面的图形最有可能是哪段代码执行后的效果？（　　）

A.

```
import turtle
turtle.pensize(5)
turtle.begin_fill()
turtle.color('red')
turtle.fillcolor('yellow')
turtle.circle(50,steps=6)
turtle.end_fill()
turtle.hideturtle()
```

B.

```
import turtle
turtle.pensize(5)
turtle.color('red')
turtle.begin_fill()
turtle.fillcolor('yellow')
turtle.circle(50,steps=6)
turtle.end_fill()
turtle.hideturtle()
```

C.

```
import turtle
turtle.pensize(5)
turtle.fillcolor('red')
turtle.begin_fill()
turtle.color('yellow')
turtle.circle(50,steps=6)
turtle.end_fill()
turtle.hideturtle()
```

D.

```
import turtle
turtle.pensize(5)
turtle.begin_fill()
turtle.color('red','yellow')
turtle.circle(50,steps=6)
turtle.end_fill()
turtle.hideturtle()
```

答案：C

解析：我们可以看出这是绘制一个正六边形，并且画笔颜色和填充颜色都是黄色。A、B 选项都是先设定了画笔颜色和填充颜色为红色（turtle.color('red')），随后在填充时又声明了填充颜色为黄色 (turtle.fillcolor('yellow')); 语句都放到了 turtle.begin_fill() 里面，所以画笔颜色为红色；D 选项直接设定画笔颜色为红色，填充颜色为黄色，所以也不符合题目要求；只有 C 选项虽然开始设定的填充颜色为红色，但是随后又设定填充颜色和画笔颜色均为黄色，所以 C 选项符合题目要求。

考题 2 单选题

运行下面的程序后，画布上会出现几只小海龟？（　　）

```
import turtle
t1=turtle.Turtle('turtle')
t2=turtle.Turtle('turtle')
t3=turtle.Turtle('turtle')
t4=turtle.Turtle('turtle')
t1.forward(50)
t2.forward(100)
t3.forward(150)
t4.forward(200)
```

A. 0　　B. 1　　C. 4　　D. 5

答案：C

解析：程序中的 t1=turtle.Turtle('turtle') 就是在设置 turtle 不同画笔的名称，本题中有 t1、t2、t3、t4 这 4 支画笔，所以选择 C。

 4.6 turtle 的运动体系

4.6.1 知识点详解

1. turtle的相对方向

小海龟（画笔）在画布上是有方向的，默认的小海龟的头部（前方）为屏幕的右侧，尾部（后方）为屏幕的左侧，小海龟的右侧为屏幕的下方，小海龟的左侧为屏幕的上方，如图 4-3 所示。

小海龟（画笔）的方向会随着画笔方向的改变进行改变，所以，该方向为相

对方向，以小海龟的头部所朝向的前方为标准建立新的方向体系。

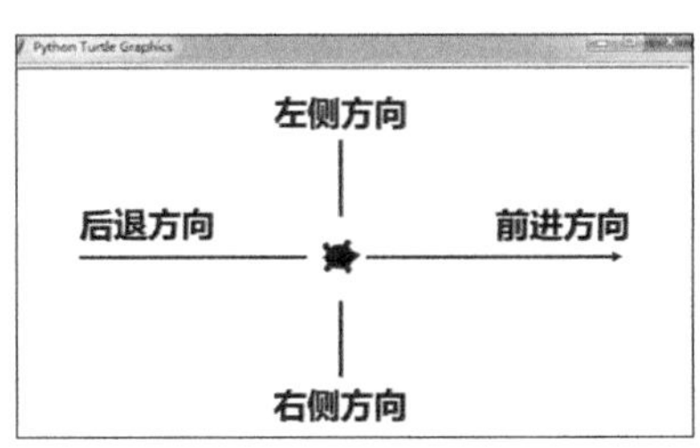

图4-3 小海龟的相对方向

对应的命令有 turtle.forward(a)、turtle.backward(a)、turtle.circle (radius, extent=None, steps=None)、turtle.left(angle)、turtle.right(angle)。

2. turtle的绝对方向

除了相对于小海龟头部方向的相对方向之外，turtle 还有绝对方向，其特征如下。

（1）绝对方向是不变的；

（2）绝对方向的划分如下：屏幕的右方为 0° 起点，也是 360° 终点；屏幕上方为 90° （逆时针）/-270° （顺时针）；屏幕左侧为 180° /-180° ；屏幕下方为 270° /-90° ，如图 4-4 所示。

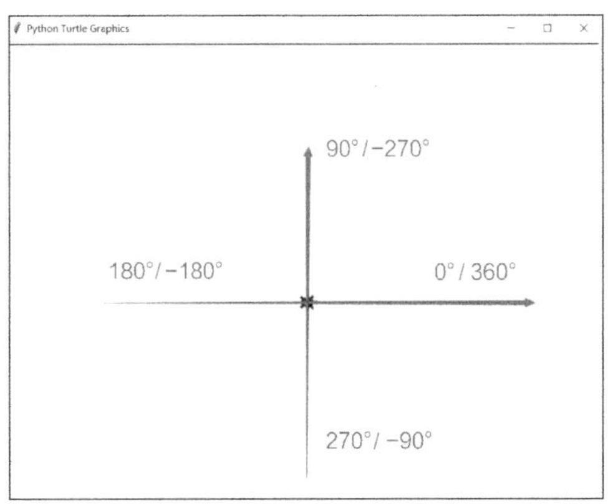

图4-4 小海龟的绝对方向

对应的命令为 turtle.setheading(angle)。

3. 相关函数

（1） turtle.goto(x,y)

作用：让小海龟直线前进到指定坐标。

参数：(x,y) 为目标位置的 x 坐标及 y 坐标。

（2） turtle.forward(a)

作用：让小海龟向前移动 a 个像素。

参数：a 代表移动的像素数。

特别说明：可以简写为 turtle.fd(a)。如果 a 为负数，代表后退 a 像素。

（3） turtle.backward(a)

作用：让小海龟向后移动 a 个像素。

参数：a 代表移动的像素数。

特别说明：可以简写为 turtle.bk(a)。如果 a 为负数，代表前进 a 像素。

（4） turtle.left(angle)

作用：让小海龟向左转 angle 度。

参数：angle 代表旋转的角度。

特别说明：参数为正数，代表左转；为负数，代表右转。

（5） turtle.right(angle)

作用：让小海龟向右转 angle 度。

参数：angle 代表旋转的角度。

特别说明：参数为正数，代表右转；为负数，代表左转。

（6） turtle.circle(radius, extent=None, steps=None)

作用：绘制圆或者圆弧。

参数：(radius, extent=None, steps=None) 中的 radius 代表的是半径，这个参数是必须有的；extent 代表的是弧度的度数，如果没有，默认的为 360°；steps 代表的是绘制该弧度（圆）所需要用的边数。

特别说明：turtle.circle() 中的参数，半径为必需的，弧度和边数都为可选的，但是如果设定了边数，如果参数前不加“steps=”，则必须设定弧度。例如需要用 4 条边绘制一个半径为 80 的 360° 的图形，必须写成 turtle.circle(80,360,4) 或者 turtle.circle(80,steps=4)，不能写成 turtle.circle(80,4)。

正多边形的绘制：turtle.circle() 可以绘制正多边形，但是要注意：一是绘制正多边形时，turtle.circle() 的 3 个参数要完整；二是正多边形的边长并不是 turtle.circle() 中的半径（也不是直径），如图 4-5 所示。如果不完整，需要按照“特别说明”进行参数说明。

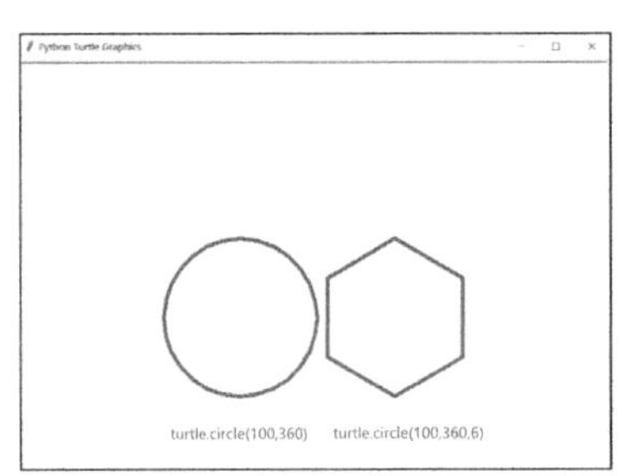

图4-5 正多边形的绘制

（7） turtle.setheading(angle)

作用：让小海龟转到指定的绝对角度，该命令和前面的 turtle.left(angle) 及 turtle.right(angle) 最大的不同在于，该命令指的是转到指定角度，与之前画笔所朝向的方向没有任何的关系。

参数：angle 为必须有的参数，代表旋转到的绝对角度，参数可以为负数。

特别说明：turtle.setheading() 可以简写为 turtle.seth()。

（8） turtle.speed(a)

作用：设定画笔的运动速度。

参数：a 的数值范围是 0~10，数字越大，速度越快，但是最快的是 0 而不是 10，那是因为当参数为 0 时，turtle 绘图不需要动画。

（9） turtle.dot(a)

作用：绘制圆点。

参数：a 为圆点的直径，单位为像素。

（10） turtle.home()

作用：让小海龟返回原点。

参数：无。

特别说明：小海龟返回原点（0,0）后，方向为初始方向，即屏幕的右方，但是画笔的颜色等设置依然保留。

4.6.2 易错点

（1）turtle.dot() 的参数为直径，而 turtle.circle() 的参数为半径。

（2）turtle.seth() 的参数为绝对角度，而 turtle.left() 及 turtle.right() 的参数为相对角度。

（3）turtle.speed() 的参数范围为 0~10，最快的是 0，最慢的是 1。

4.6.3 模拟考题

考题 1 单选题

turtle 库中，画笔绘制的速度范围为（　　）。

A. 任意大小

B. 0 到 10 之间的整数（含 0 和 10）

C. 1 到 10 之间的整数（含 1 和 10）

D. 0 到 100 之间的整数（含 0 和 100）

答案：B

解析：turtle 的画笔绘制速度函数为 turtle.speed()，该函数的参数范围为 0~10 的整数。

考题 2 单选题

海龟作图中，小海龟默认朝向屏幕的（　　）方。

A. 左　　B. 右　　C. 上　　D. 下

答案：B

解析：小海龟默认的方向为前方，而默认的前方是屏幕的右方。

考题 3 判断题

turtle 库中，turtle.backward(200) 和 turtle.forward(-200) 的使用效果是一样的。（　　）

答案：正确

解析：turtle.forward() 中的参数如果为负数，则代表后退，相当于 turtle.backward()。

考题 4 单选题

运行下列程序后，会绘制出以下哪个图形？（　　）

```
import turtle
turtle.pensize(3)
turtle.forward(150)
turtle.circle(50,180)
turtle.forward(180)
turtle.circle(48,180)
turtle.forward(150)
turtle.circle(45,180)
```

```
turtle.forward(120)
turtle.done()
```

A.　　B.　　C.　　D.

答案：B

解析：首先 A 图形画笔太细，不符合题目中的画笔要求，所以 A 被排除掉；其次，根据 turtle.circle(50,180)，我们可以了解到，所有的半圆都是逆时针绘制，所以 C、D 被排除掉；只有 B 符合要求。

考题 5 单选题

下列代码不能画出直径为 10 的圆点的是（　　）。

A.

```
turtle.pensize(10)
turtle.pendown()
turtle.goto(0,1)
```

B.

```
turtle.dot(10)
```

C.

```
turtle.begin_fill()
turtle.circle(5)
turtle.end_fill()
```

D.

```
turtle.begin_fill()
turtle.circle(10)
turtle.end_fill()
```

答案：D

解析：D 使用的是 circle 命令，而 circle 中的参数是半径，那么 circle(10) 是绘制直径为 20 的圆，并不是直径为 10 的圆，所以不能画出直径为 10 的圆点。

考题 6 单选题

使用 Python 画笔绘制如下图所示的图案，第 4 行代码应如何补充？（　　）

```
1 import turtle
2 p = turtle.Pen()
3 p.forward(100)
4 
5 p.forward(100)
6 turtle.done()
```

A. p.right(90)　　B. p.left(90)　　C. p.right(−90)　　D. p.left(−180)

答案：A

解析：根据图，我们可知海龟前进 100 后需要右转 90°，然后再前进 100，所以应该选 A。

4.7 其他需要掌握的函数

4.7.1 知识点详解

（1）turtle.reset()

作用：清空画布，并且重置 turtle 状态为初始状态。

参数：无。

（2）turtle.clear()

作用：清空 turtle 窗口，但是 turtle 的位置和状态不会改变。

参数：无。

（3）turtle.clone()

作用：创建并返回一个 turtle 的一个克隆体，该克隆体与 turtle 具有相同的属性。

参数：无。

（4）turtle.stamp()

作用：印章，将小海龟的形状或者绘制的形状作为印章复制到屏幕上，和 Scratch 中的印章作用一致。

参数：无。

（5）turtle.screensize(canvwidth，canvheight,bg)

作用：设定画布的尺寸和背景颜色。

参数：一共有 3 个，前两个设定画布的宽度和高度，第三个设定背景颜色。

说明：如果没有参数，则返回当前窗口的宽度和高度。

（6）turtle.mainloop() 或 turtle.done()

作用：停止画笔绘制，但绘图窗体不关闭。由于这是用来停止画笔的，所以必须用在程序中的最后一个语句。

参数：无。

4.7.2 易错点

（1）turtle.reset() 和 turtle.clear() 有着本质的区别：turtle.reset() 是完全初始化，画笔的所有设置均恢复到初始状态，但不包括画布的设置（比如画布的大小、画布的背景颜色等）；而 turtle.clear() 只清除画布上的图案，并不改变画笔的设置和位置。

（2）turtle.mainloop() 或 turtle.done() 后面的语句是不执行的。

4.7.3 模拟考题

考题 1 单选题

运行下面的程序后，以下哪个图形是正确的？（　　）

```
import turtle
turtle.shape('square')
turtle.home()
turtle.dot()
turtle.stamp()
turtle.forward(100)
turtle.setheading(90)
turtle.stamp()
turtle.forward(100)
turtle.left(90)
turtle.stamp()
turtle.forward(100)
turtle.left(90)
turtle.stamp()
turtle.forward(100)
```

A. 　　B. 　　C. 　　D.

答案：C

解析：根据程序 turtle.shape('square')，我们可以得出小海龟的形状为四边形，所以，A、B 被排除掉，剩下 C 和 D。由于每一个印章 turtle.stamp() 之后都有一个 turtle.forward(100)，并且没有抬笔，所以应该还有横线，绘制的图形应该是 C。

考题 2 单选题

下面的代码哪部分用于设置画布的颜色？（　　）

```
import turtle
turtle.screensize(①,②,③)
```

A. ①　　B. ②　　C. ③　　D. 都不是

答案：C

解析：根据 turtle.screensize 的参数设定，第三个参数为窗口的背景颜色值，所以选择 C。

4.8 turtle 综合练习

4.8.1 知识点详解

一级考试的编程题一共有两道，其中一道分值为 20 分，该分值的题目是对 turtle 的综合应用能力的考核，题目的主要考核点如下。

（1）综合解决问题的能力：能够将图形转换为程序，能够分析图形的规律等。

（2）turtle 的各命令的灵活运用能力：会使用 turtle 的各种命令来绘制题目要求的图形。

（3）数学计算能力及计算思维：能够准确计算出绘制图形使用的各种参数，并且能够按照题目要求将图形放置到合适的位置。

4.8.2 模拟考题

考题 1 编程题

绘制下图。

（1）画一个由两个直角三角形组成的正方形，边长为 180 像素。

（2）左上三角形填充为黄色，右下三角形填充为红色。

（3）设置画笔移动速度为 1，线条颜色为黑色。

（4）画图结束，隐藏并停止画笔。

参考程序

```
import turtle              # 库准备
turtle.fillcolor('red')   # 设置填充颜色为红色
turtle.speed(1)           # 设置画笔移动速度为 1
turtle.begin_fill()       # 开始填充
turtle.forward(180)       # 从当前方向移动 180
```

```
turtle.left(90)               # 逆时针方向旋转 90°
turtle.forward(180)           # 从当前方向移动 180
turtle.goto(0,0)              # 移动到（0，0）的位置，即起始位置
turtle.end_fill()             # 填充结束
turtle.fillcolor('yellow')    # 设置填充颜色为黄色
turtle.begin_fill()           # 开始填充
turtle.forward(180)           # 从当前方向移动 180
turtle.right(90)              # 顺时针方向旋转 90°
turtle.forward(180)           # 从当前方向移动 180
turtle.end_fill()             # 填充结束
turtle.hideturtle()           # 隐藏画笔
turtle.done()                 # 停止画笔等待关闭
```

解析：该题的难点在于图形的绘制和颜色的填充；由于填充需要对封闭的图形进行，所以不可以采用绘制一个正方形后直接沿对角线再绘制一条直线的方法；因而参考程序采用的是绘制两个不同颜色的直角三角形进行拼接的方法。

考题 2 编程题

绘制如下图所示的图形：一个正方形，内有 3 个红点，中间红点在正方形中心。要求如下。

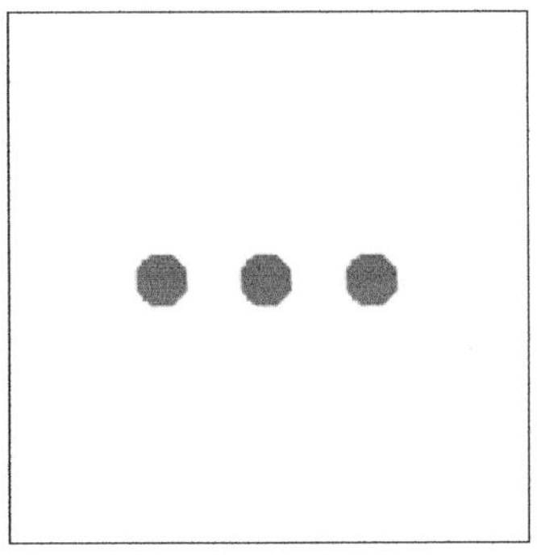

（1）正方形边长为 200，线条颜色为黑色。

（2）圆点的直径均为 20，填充颜色为红色，画完后隐藏画笔。

（3）中间圆点的圆心位置为画布正中心，3 个圆心之间的距离均为 40。

参考程序

```
import turtle
turtle.penup()
turtle.goto(-100,100)
```

```
turtle.pendown()
turtle.forward(200)
turtle.right(90)
turtle.forward(200)
turtle.right(90)
turtle.forward(200)
turtle.right(90)
turtle.forward(200)
turtle.right(90)
turtle.penup()
turtle.goto(0,0)
turtle.dot(20,'red')
turtle.penup()
turtle.goto(-40,0)
turtle.dot(20,'red')
turtle.penup()
turtle.goto(40,0)
turtle.dot(20,'red')
turtle.hideturtle()
```

解析：

（1）本题程序并非只有一种写法，可以用多种方法来解决。

（2）本题难点在于计算 3 个红点的圆心坐标，圆心坐标可以参考正方形的坐标进行计算，但是要注意红点之间的圆心距离。

全国青少年软件编程等级考试
Python 编程
二级

全国青少年软件编程等级考试 Python 编程二级标准

一、考试标准

1. 了解与掌握如下的 Python 编程进阶知识，并会使用。

（1）知道 6 个标准的数据类型：数字、字符串、列表、元组、集合、字典。

（2）理解列表类型的概念，掌握它的基础用法及操作：访问 / 更新、获取元素个数、遍历、转换为列表型数据、添加和删除、连接、排序等。

（3）理解元组类型的概念，理解元组和列表的不同，掌握它的基础用法及操作：元组的声明与赋值、元组的访问与更新、元组的遍历、添加、删除、排序等。

（4）理解字符串类型的概念，掌握它的基础用法及操作：字符串的分割、结合、替换、检索、长度获取。

2. 会编写较为复杂的 Python 程序，掌握 Python 编程的控制语句。

（1）理解选择结构语句的功能和写法，能够完成简单选择结构的程序。

（2）掌握程序的单分支结构，理解二分支、多分支结构语句。

（3）理解循环结构语句的功能和写法，能够完成简单循环结构的程序；理解 for 循环、while 循环、break 和 continue 循环控制结构语句。

（4）理解 range() 的概念，掌握它的基础用法及操作。

二、考核目标

让学生掌握 Python 编程的流程控制以及数据类型，会使用这些相关语句进行编程，会使用循环、分支等语句完成较为复杂的 Python 程序，能够解决较为复杂的问题。

三、能力目标

通过本级考核的学生，对 Python 编程有了更深入的了解，熟悉了 Python 的数据类型和流程控制语句，具备用一定的逻辑推理能力和把逻辑推理用程序表达出来的计算思维能力。

四、知识块

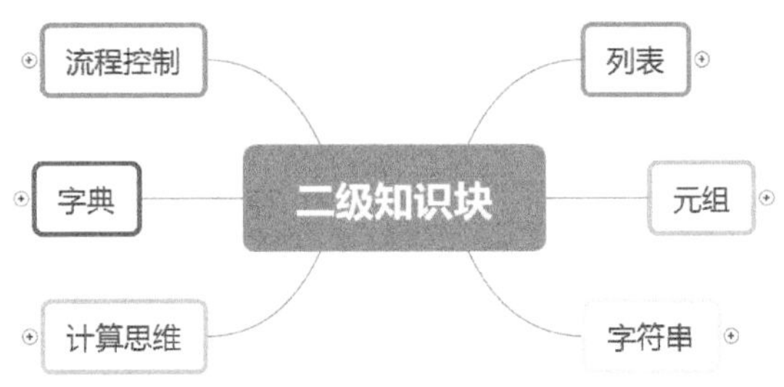

知识块思维导图（二级）

五、知识点描述

编号	知识块	知识点
1	列表	列表的概念；访问列表；更新列表；获取列表的元素个数；判断列表是否有某个元素；从别的类型转换为列表；理解 range()，并会使用 range()
2	元组	元组与列表的异同、访问元组、修改元组、删除元组
3	字符串	字符串的连接、字符串的重复、字符串中的字符参照、运用 % 运算符输出指定格式、format() 格式化输出
4	字典	创建字典、访问字典里的值、删除字典里的元素、修改字典
5	流程控制	if 语句、for 循环、while 循环、break 和 continue 循环控制
6	计算思维	能编写二分支、多分支结构语句程序，有循环、中断及条件语句的程序

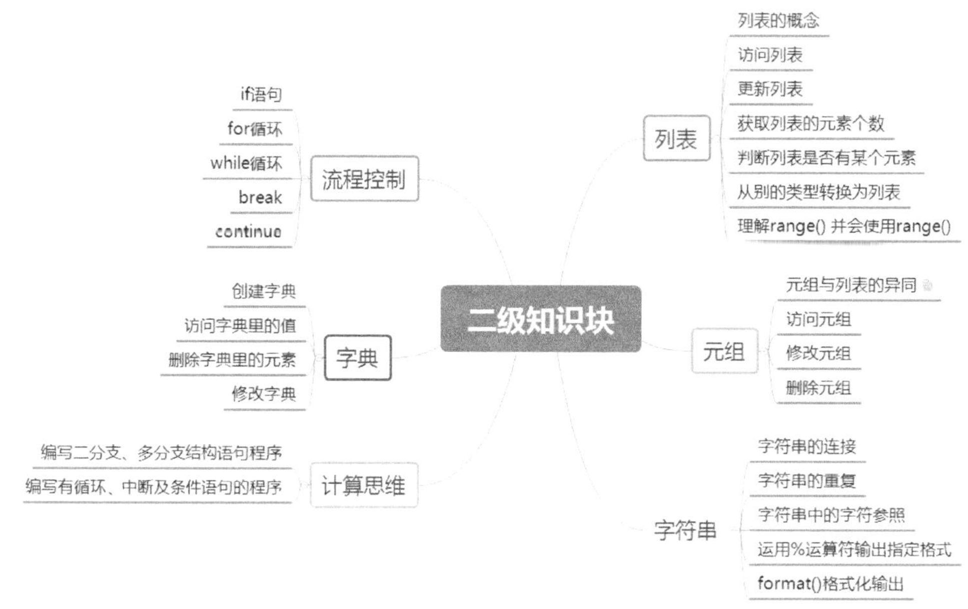

知识点思维导图（二级）

六、题型配比及分值

知识体系	单选题	判断题	编程题
列表（25 分）	18 分	2 分	5 分
元组（10 分）	6 分	4 分	0 分
字符串（15 分）	6 分	4 分	5 分
字典（10 分）	8 分	2 分	0 分
流程控制（30 分）	12 分	8 分	10 分
计算思维（10 分）	0 分	0 分	10 分
分值	50 分	20 分	30 分
题数	25	10	2

第 5 课　基本数据类型

5.1 学习要点

（1）学习 Python 最基本的数据类型。

（2）学习可变序列及不可变序列的特征。

5.2 对标内容

知道 6 个标准的数据类型：数字、字符串、列表、元组、集合、字典。

5.3 情景导入

常言道："物以类聚，人以群分。"在 Python 的世界里，也有各种"物种"，不过这里的"物种"指的是对象。在 Python 中，万物皆对象。对象是有属性的，那什么是属性呢？通俗地讲，属性就相当于我们日常生活中对一个事物特征的描述，比如一个人的高矮、胖瘦、年龄等都是这个人的属性。Python 中的对象都是有属性的，从某种程度上来讲，用代码把这些属性描述清楚并且加以处理就是 Python 编程。

5.4 Python 的基本数据类型

Python 中的变量不需要声明。每个变量在使用前都必须赋值。变量被赋值以后，该变量才会被创建。在 Python 中，变量就是变量，它没有类型，我们所说的“类型”是变量所指的内存中对象的类型。

5.4.1 知识点详解

1. 基本的标准数据类型

Python 3 中有常见的 6 个标准的数据类型：数字（Number）、字符串（String）、列表（List）、元组（Tuple）、集合（Set）、字典（Dictionary）。

数字、字符串、列表、元组属于序列范畴；集合、字典虽然有部分序列的特征，但是它们不属于序列。

2. 可变数据类型和不可变数据类型

Python 3 常见的 6 个标准的数据类型可以分为两大类：可变数据类型和不可变数据类型。可变数据类型包括列表、集合、字典，不可变数据类型包括数字、字符串、元组。

不可变数据类型：当该数据类型的对应变量的值发生改变时，它对应的内存地址也会发生改变（也可以理解为，不可变数据类型一旦被创建，其内存地址里的数据是不能改变的）。

可变数据类型：当该数据类型的对应变量的值发生改变时，它对应的内存地址不会发生改变（也可以理解为，可变数据类型被创建后，内存地址里的数据是可以改变的）。

5.4.2 易错点

常见的 6 种数据类型，列表、集合、字典属于可变数据类型，而数字、字符串、元组属于不可变数据类型。

列表是最常见的可变序列，集合和字典虽然可变，但是它们都是无序的，所以不能称作可变序列。

5.4.3 模拟考题

考题 1 判断题

元组是一种可变的序列，创建后可以修改。（　　）

答案：错误

解析：元组属于不可变序列，创建后确实也可以修改（使用传统的方式是无法修改的），但是即使使用了特殊的方法进行修改，修改后的元组和修改前的元组也不是同一个对象，不是同一个元组。所以本题答案为错误。

考题 2 判断题

列表是一种序列，列表的元素可以追加、替换、插入和删除。（　　）

答案：正确

解析：列表是一种可变数据类型的序列，所以可以进行各种可变操作，包括追加、替换、插入和删除。

第 6 课　可变序列——列表

6.1 学习要点

（1）学习 Python 的可变序列的基本操作。

（2）学习以列表为代表的可变序列的基本操作。

6.2 对标内容

理解列表类型的概念，掌握它的基础用法及操作：访问 / 更新、获取元素个数、遍历、转换为列表型数据、添加和删除、连接、排序等。

6.3 情景导入

考试结束了，一般要进行成绩统计和查找。为了提高查找的效率，我们一般会采用表格来记录这些数据。像这种用表格记录数据的情况，在我们生活中有很多，火车站的列车时刻表、飞机场的飞机起落信息表、餐馆里面的价目表等都是例子，我们在科学课上也借助表格进行过实验数据的统计。那么在 Python 中该如何表示这些表格中的数据呢？列表是一个非常好的选择。

6.4 列表

6.4.1 什么是列表

列表是 Python 中内置的有序、可变序列，列表的所有元素放在一对中括

号“[ ]”中，并使用逗号分隔开。列表的数据项不需要具有相同的类型。

6.4.2 列表的创建

列表的创建有多种方式，最常见的方式有两种：一种是直接建立，创建时只需要将元素用逗号隔开，并且用中括号括起来就可以了，如 [1,'a',(3,5),2]；另一种则是使用 list 命令进行创建，list() 用于将元组或字符串转换为列表，如 list('Python') 的结果就是 ['P','y','t','h','o','n']。

6.4.3 序列的通用操作

所谓序列，指的是一块可存放多个值的连续内存空间，这些值按一定顺序排列，可通过每个值所在位置的编号（称为索引）访问它们。

Python 包含 6 种内建的序列，即列表、元组、字符串、Unicode 字符串、buffer 对象和 xrange 对象。在全国青少年软件编程等级考试 Python 编程中，buffer 对象和 xrange 对象不作为考核对象，不要求掌握。

下面我们以列表为例，看看序列都有哪些通用操作。

1. 通用操作——序列的访问

列表是序列的一种，所以所有的元素都是有序号的，我们称序号为索引。索引有两种表示方式，一种是从前往后的正方向索引，还有一种为从后往前的反方向索引。正方向索引的第一个索引号为 0，并非 1，后面的索引号依次为 1、2……反方向的索引，第一个索引号为 -1，接下来依次为 -2、-3……如图 6-1 所示。

```
t = ['a','b','c','d','e']
       |   |   |   |   |
正方向索引  0   1   2   3   4
反方向索引 -5  -4  -3  -2  -1
```

图6-1　正方向索引和反方向索引

要访问列表中的值，只需要使用列表变量名加上下标（索引号）即可，如要访问图 6-1 中第三个元素的值，只需要使用 t[2] 或者 t[-3] 即可。

2. 通用操作——序列的嵌套

序列里面可以再套序列，这叫作序列的嵌套。被嵌套的序列是作为一个整体看待的，所以其下标为一个，如下例所示。

```
>>>list = ["a","b",[1,2,3],"c"]
>>>list[2]
[1,2,3]
```

在该案例中，[1,2,3] 是作为一个整体看待的，是列表 list 的第 3 个元素，所以 list[2] 的值为 [1,2,3]。

如果需要单独访问嵌套列表中的值，则需要进行列表下标的逐级分解，如下例所示，假设需要访问列表中的 2。

```
>>>list = ["a","b",[1,2,3],"c"]
>>>list[2][1]   # 第一个下标代表嵌套列表在整个列表中的位置，第二个下标代表 2 的位置
2
```

3. 通用操作——序列的截取

你可以使用索引下标来访问列表中的值，也可以使用中括号 [ ] 的形式截取序列，要将图 6-2 中的第 2 个元素到第 4 个元素截取下来，则需要使用 t[1:4]。

开始 结束

t = ['a','b','c','d','e']

['b','c','d']

图6-2 序列的截取

列表的截取又称作列表的切片，它需要使用两个索引下标来确定切片的起始位置和结束位置。列表的截取格式为：变量 [头下标 : 尾下标 : 步长]，其中步长为可选参数，如果没有步长参数，则代表步长为 1；如果切片是从头开始或者是到最后结束，头下标和尾下标也可以没有，示例如下。

```
t[:3]   t[3:]   t[-3:]
```

但是要注意：列表的切片不包含尾部下标对应元素的值，但如果冒号后面没有数字则代表包含最后一个列表元素的值。例如对于图 6-2，t[1:3] 返回的值是

['b','c'] 而不是 ['b','c','d']，t[3:] 返回的值是 ['d','e']。

4. 通用操作len()——取序列的长度

取一个序列的长度的命令为 len()，返回值为该序列的元素的个数，如下例所示。

```
>>>T = [1,2,3,4,5]
>>>len(T)
5
```

如果有序列嵌套的情况，被嵌套的序列是作为一个整体来计算的，如下例所示。

```
>>>T = [1,2,3,["a","b","c"],4,5,(10,9,8)]
>>>len(T)
7
```

5. 通用操作in——检查元素是否包含在序列中

如果序列比较庞大，或者序列是在不断更新中，如何检查某一个元素是否在该序列中？需要使用 in 命令进行判断，其返回值是 True 或者 False，所以往往该命令是结合条件语句使用的，如下例所示。

```
>>>T = [1,2,3,["a","b","c"],4,5,(10,9,8)]
>>>print(8 in T)
False
```

上例中，表面看有元素 8，怎么返回值是 False 呢？这是因为 8 是在列表的嵌套元素 (10,9,8) 中，而 in 不检查序列嵌套元素里面的值，所以结果是 False。

6. 通用操作max()——找出序列中的最大元素

max() 函数用来找出序列中的最大值，但要注意以下 3 点。

（1）当序列内的元素均为数字类型时，max() 将返回该序列里最大的数字，如下例所示。

```
>>>T = [21,2,3,4,5,8,0]
>>>print(max(T))
21
```

（2）当序列内的元素均为字符串类型时，max() 则是按照 Unicode 编码的

顺序（具体见字符串相关内容）返回编码最大的元素，如下例所示。

```
>>>T = ["A","a","d","2","Python"," 我 "]
>>>print(max(T))
我
```

（3）当序列内既有数字类型，又有其他类型的元素时，max() 是无法进行运算的，会报错。

7. 通用操作min()——找出序列中的最小元素

min() 函数和 max() 函数的功能刚好相反，是找出序列中的最小元素。它和 max() 函数一样，只能在序列内的元素均为数字类型或者均为字符串类型时才可以使用。

元素均为数字类型时：

```
>>>T = [21,2,3,4,5,8,0]
>>>print(min(T))
0
```

元素均为字符串类型时：

```
>>>T = ["A","a","d","2","Python"," 我 "]
>>>print(min(T))
2
```

8. 通用操作sum()——序列求和运算

sum() 函数可以对全部由数字类型组成的序列进行求和，输出的结果为该序列所有数字的和，如下例所示。

```
>>>T = [21,2,3,4,5,8,0]
>>>print(sum(T))
43
```

9. 通用操作——序列的加法运算

同一种类型的序列是可以进行加法运算的，但是这里的加法不同于数学中的加法，序列的加法相当于将两个序列结合在一起，如下例所示。

```
>>>T = [21,2,3,4,5,8,0]
>>>t = ['a','b','c']
>>>print(T+t)
[21,2,3,4,5,8,0,'a','b','c']
```

10. 通用操作——序列的乘法运算

序列也可以进行乘法运算，但是序列只能和正整数相乘，代表的是将该序列重复正整数次，如下例所示。

```
>>>T = ['a','b','c','d']
>>>print(T*2)
['a','b','c','d','a','b','c','d']
```

6.4.4 列表的专用操作

1. 更新列表中的值

列表值的更新又称作修改列表中的值，可以直接使用列表名加下标进行赋值，如下例所示。

```
>>>List = ['a','b','c','d','e']
>>>List[2] = 'aa'
>>>List
['a','b','aa','d','e']
```

利用列表切片技术，列表的值也可以同时更新多个，如下例所示。

```
>>>List = ['a','b','c','d','e']
>>>List[1:4] = [1,2,3]
>>>List
['a',1,2,3,'e']
```

2. 列表元素的删除

删除列表中的值有多种方法，主要的有以下 4 种方法。

（1）del()

作用：删除列表中的指定下标的值，如果没有指定下标，则是删除整个变量。

格式：del list_name(index)

参数：list_name 代表列表名，index 代表下标（可省略），如下例所示。

```
>>>List = ['a','b','c','d','e']
>>>del List[1]
>>>List
['a','c','d','e']
>>>List = ['a','b','c','d','e']
>>>del List
```

```
>>>List
NameError: name 'List' is not defined  #报错，没有找到 'List'
```

（2）pop()

作用：删除指定下标的元素，如果没有指定下标，则默认删除最后一个元素。

格式：list_name.pop(index)。

参数：list_name 代表列表名，index 代表下标，如下例所示。

```
>>>List = ['a','b','c','d','e']
>>>List.pop(1)
>>>List
['a','c','d','e']
>>>List = ['a','b','c','d','e']
>>>List.pop()
>>>List
['a','b','c','d']
```

（3）remove()

作用：移除列表里面第一次出现的指定值的元素。我们有时候需要删除某一个元素，但是不知道它在列表的什么位置，这时候使用 remove() 最合适。

格式：list_name.remove(obj)。

参数：list_name 代表列表名，obj 代表需要移除的元素的值，但是需要注意的是，一定要确保 obj 在列表里，否则会报错 ValueError，如下例所示。

```
>>>List = ['a','b','c','d','e']
>>>List.remove('c')
>>>List
['a','b','d','e']
>>>List = ['a','b','c','d','e']
>>>List.remove('f')
ValueError: list.remove(x): x not in list  #报错
```

（4）clear()

作用：清除列表所有的元素，但是不删除列表，只是列表为空。

格式：list_name.clear()。

参数：list_name 代表列表名。由于是清除列表里面的所有元素，所以该命令没有参数，如下例所示。

```
>>>List = ['a','b','c','d','e']
```

```
>>>List.clear()
>>>List
[]      # 列表 List 依然存在，但是为空列表
```

3. 添加列表元素

向列表里添加元素，主要有两种方法。

（1）append()

作用：将元素添加到列表的末尾。

格式：list_name.append(obj)。

参数：list_name 代表列表名称；obj 代表要插入的元素，元素可以是单个数据，也可以是列表、元组等，如下例所示。

```
>>>List = ['a','b','c','d','e']
>>>List.append(1)
>>>List
['a','b','c','d','e',1]
```

（2）insert()

作用：将元素插入指定的位置。

格式：list_name.insert(index,obj)。

参数：list_name 代表列表名称；index 代表列表的下标，该参数只能为整数；obj 代表需要插入的元素，如下例所示。

```
>>>List = ['a','b','c','d','e']
>>>List.insert(2,"Python")
>>>List
['a','b','Python','c','d','e']
```

4. 查找元素

（1）index()

作用：查找元素在列表中的位置，返回值为该元素在列表中的下标。

格式：list_name.index(obj,start, end)。

参数：list_name 代表列表名称，obj 代表要查找的元素的值，start 代表开始查找的位置，end 代表结束查找的位置。start、end 为非必要选项，如果没有，则代表在整个列表里进行查找，如下例所示。

```
>>>List = ['a','b','c','d','e']
```

```
>>>List.index("c")
2
```

注意事项：index() 查找的元素必须已经在列表中，如果该元素不存在，则会导致 ValueError 错误。

（2）count()

作用：统计某个元素在列表中出现的次数，返回值为该元素的个数。

格式：list_name.count(obj)。

参数：list_name 代表列表名，obj 代表需要统计的元素，如下例所示。

注意事项：如果 count() 查找的对象不存在，则返回值为 0。

5. 列表的排序

（1）sort()

作用：对原列表进行排序，不返回新列表。如果指定参数，则使用指定的比较函数进行排序。

格式：list_name.sort(cmp=None，key=None，reverse=False)。

参数：list_name 表示列表名称；cmp、key、reverse 均为可选参数，根据等级考试的标准，cmp、key 参数不要求掌握，这里不再赘述；reverse 代表是否翻转，默认为不翻转（False），如下例所示。

```
>>>List = ['e','b','a','d','c','f']
>>>List.sort()
>>>List
['a','b','c','d','e','f']
```

注意事项：

① sort() 函数是在原内存地址上进行排序，所以 sort() 函数排序后会直接和原列表名进行绑定，会改变原列表的值；

② sort() 函数和求最值函数 max()、min() 函数一样，要求待排列对象必须为同一类型，常见的为数字类型和字符串类型；

③ 字符串类型在排序时是按照 Unicode 码顺序进行的，具体请参考字符串相关章节；

④ sort() 函数默认是按照从小到大的顺序进行排列，字符串是按照 Unicode 码从小到大的顺序排列，如下例所示；

```
>>>List = [122,23,1,9,-34,546,12.3]
```

```
>>>List.sort()
>>>List
[-34, 1, 9, 12.3, 23, 122, 546]
```

⑤ 如果 sort() 加入了 reverse 参数，格式为 list_name.sort(reverse=1) 或者 list_name.sort(reverse=True)，其工作原理是首先将列表按照从小到大的顺序进行排序，然后再进行翻转，这样就形成了从大到小的倒序排序，如下例所示。

```
>>>List = [122,23,1,9,-34,546,12.3]
>>>List.sort(reverse=True)
>>>List
[546, 122, 23, 12.3, 9, 1, -34]
```

（2）sorted()

作用：对可迭代的对象进行排序操作，会生成新的列表。

格式：sorted(iterable, cmp=None, key=None, reverse=False)。

参数：iterable 为可迭代对象（在列表中即列表名）；cmp 和 key 不要求掌握，在此不赘述；reverse 代表是否翻转，默认为不翻转（False），如下例所示。

```
>>>List = [122,23,1,9,-34,546,12.3]
>>>NewList = sorted(List,reverse=True)
>>>List
[122,23,1,9,-34,546,12.3]
>>>NewList
[546, 122, 23, 12.3, 9, 1, -34]
```

注意事项：

① sorted() 和 sort() 一样，对待排序的对象有相同的要求；

② sorted() 不是在原内存地址进行排序，是新建一个列表，所以不改变原来的列表值。

（3）reverse()

作用：reverse() 函数也是列表中的内置函数，用于反向排列列表中的元素。

格式：list_name.reverse()。

参数：list_name 代表列表名。

注意事项：reverse() 并不进行排序，而是将列表里的元素进行顺序上的前后颠倒；另外，reverse() 和 sort() 一样：都是在原列表中进行操作，所以没有返回值，但是会改变原列表的值，如下例所示。

```
>>>List = [122,23,1,9,-34,546,12.3]
>>>List.reverse()
>>>List
[12.3, 546, -34, 9, 1, 23, 122]
```

6.4.5 易错点

（1）一个列表中的数据类型可以各不相同，可以同时分别为整数、实数、字符串等基本类型，甚至是列表、元组、字典、集合以及其他自定义类型的对象。

（2）在嵌套的列表中，被嵌套的列表被作为一个整体看待。

（3）求序列的最大值、最小值，要求序列内所有元素必须同时为数字类型或者是字符串类型，不能混合，且不能嵌套，否则会报错。

（4）只有纯数字类型的序列才可以进行求和运算。

（5）clear() 和 del() 的区别：首先，del() 中，列表名是在后面的括号中；clear() 中，列表名是在 clear() 的前面，并且用 . 隔开。其次，del() 可以只删除一个元素，如果不指定下标，只注明列表名，则删除整个变量，所以，列表也就不存在了；而 clear() 是清除列表里的所有元素，列表还在，只是为空，此时列表长度为 0。

（6）append() 一次只能追加一个元素到列表里面，如果追加的是列表或者元组，则是作为一个整体进行追加，如下例所示。

```
>>>List = ['a','b','c','d','e']
>>>List.append([1,2,3])
>>>List
['a','b','c','d','e',[1,2,3]]
```

（7）sorted() 和 sort() 的区别：sorted() 是 Python 的内置函数，可用于所有可迭代对象；而 sort() 是列表的内置函数，仅用于列表的排序。列表的 sort() 方法是对已经存在的列表进行操作，无返回值；而内置函数 sorted() 返回的是一个新的列表，而不是在原来的基础上进行的操作，所以不改变原列表的值。

6.4.6 模拟考题

考题 1 单选题

已知列表 a=[1,2,3], b=['4']，执行语句 print(a+b) 后，输出的结果是（　　）。

A. [1,2,3,4]　　B. [1,2,3,'4']　　C. ['1','2','3','4']　　D. 10

答案：B

解析：这是一个列表加法运算的题目，根据列表加法运算规则，加法运算是把后面的列表补充到前一个列表的后面，在补充时是不改变原列表中元素的数据类型的，所以，当 ['4'] 补充到列表 a 的后面时依然还是 '4'，不能变成 4，所以选择 B。

考题 2 单选题

列表 listV = list(range(10))，以下能够输出列表 listV 中最小元素的语句是（　　）。

A. print(min(listV))　　　B. print(listV.max( ))

C. print(min(listV()))　　　D. print(listV.reveres()[0])

答案：A

解析：这是一道有多个考核点的题目，第一个考核点是新建列表的方式，list() 函数就是将其他数据类型转换为列表；第二个考核点是 range(10) 生成的可迭代对象是 0~9 的整数，所以题目中的 list(range(10)) 生成的列表为 [0,1,2,3,4,5,6,7,8,9]；第三个考核点是列表求最小值函数，该函数为 min()，所以选择 A。其他选项出错原因：B 选项是求最大值并且格式错误；C 选项的格式是错误的，listV 是列表名，后面不能有括号；D 选项的拼写和语法都是错误的，正确的拼写应该为 listV.reverse() 并且作为列表内置函数，不可以在后面加下标 [0]，即使可以加，但是由于 reverse() 进行了翻转，第一个元素成了 9，并非最小的 0。

考题 3 单选题

运行如下程序，结果是（　　）。

```
l=[1,"laowang",3.14,"laoli"]
l[0]=2
del l[1]
print(l)
```

A. [1, 3.14, 'laoli']　　　B. [2, 3.14, 'laoli']

C. ["laowang",3.14, 'laoli']　　　D. [2,"laowang",3.14,]

答案：B

解析：根据题意，我们逐条分析程序运行结果。程序运行第二行 l[0]=2 后，l 列表变成了 [2,"laowang",3.14,"laoli"]；第三行 del l[1] 删除第二个元素，运行后，l 变为 [2,3.14,"laoli"]，所以正确答案为 B。

考题 4 单选题

关于列表 s 的相关操作，描述不正确的是（　　）。

A. s.append()：在列表末尾添加新的对象

B. s.reverse()：反转列表中的元素

C. s.count()：统计某个元素在列表中出现的次数

D. s.clear()：删除列表 s 的最后一个元素

答案：D

解析：clear() 的作用是清除列表里面的所有元素，而并非最后一个元素。

考题 5 单选题

已知列表 lis=['1','2',3]，则执行 print(2 in lis) 语句输出的结果是（　　）。

A. True　　B. true　　C. False　　D. false

答案：C

解析：首先选项 B 和 D 不符合 Python 的返回值的格式要求，排除在外；其次，根据题意，貌似 2 在列表中，但仔细观察，列表里的是字符串格式的 '2'，而并非数字格式的 2，那当然 2 in lis 无法返回 True，所以选择 C。

考题 6 单选题

运行如下代码，结果是（　　）。

```
l=["a",1,"b",[1,2]]
print(len(l))
```

A. 3　　B. 4　　C. 5　　D. 6

答案：B

解析：嵌套列表中，被嵌套的列表是被当作一个整体看待，所以 [1,2] 在整个大列表中是一个元素，加上前面的元素，一共有 4 个元素，len(l) 的结果为 4。

考题 7 单选题

已知有列表 a = [1, 2, 3, 4, 5]，以下语句中，不能输出 [5, 4, 3, 2, 1] 的是（　　）。

A. print(a[:-6:-1])　　B. print(a.sort(reverse=True))

C. print(sorted(a, reverse=True))　　D. print([5, 4, 3, 2, 1])

答案：B

解析：从题目要求可知，输出的结果是原列表的反向排序。A 选项 a[:-6:-

1] 是从最后一个元素到倒数第 6 个元素（不含），以步长为 -1 的形式取值，虽然列表 a 中只有 5 个元素，但是由于 a[:-6:-1] 不含第 6 个元素，所以不会报错，因而 A 选项可以生成列表 [5, 4, 3, 2, 1]；C 选项是将 a 列表进行反向排序，所以也符合输出要求；D 选项直接输出目标列表，自然符合要求；B 选项看似也是将 a 列表反向排序，但是使用的是 a.sort(reverse=True)，sort() 函数是没有返回值的，其作用是将原列表 a 进行排序，所以 B 选项要想输出目标列表，需要改成 a.sort(reverse=True),print(a) 才可以。

考题 8 单选题

已知列表 a=[1,2,3,4,5]，执行 a.insert(2,6) 后结果是（ ）。

A. [1,2,3,4,5,2,6]　　B. [1,2,3,4,5,6]

C. [1,2,6,3,4,5]　　D. [1,2,3,6,4,5]

答案：C

解析：a.insert(2,6) 的意思是在下标为 2 的位置插入一个元素 6，所以正确答案是 C。

第 7 课　不可变序列——元组

7.1 学习要点

（1）学习 Python 的不可变序列的基本特征。

（2）学习以元组为代表的不可变序列的基本操作。

7.2 对标内容

理解元组类型的概念，理解元组和列表的不同，掌握它的基础用法及操作：元组的声明与赋值、元组的访问与更新、元组的遍历、添加、删除、排序等。

7.3 情景导入

我们都知道有些信息一旦确立，就不允许随便修改，比如身份证号码、姓名、出生日期、性别、学校地址、学号等。我们如果用一个表格来存储这些信息，为了防止随意修改，可以将这个表格设定为只读的。Python 中也有这样的“只读列表”，它就是“元组”。

7.4 元组

7.4.1 什么是元组，它与列表有什么不同？

元组也是序列的一种，Python 的元组与列表类似，不同之处有两点：一是元组的元素不能修改；二是元组使用小括号，列表使用中括号。

7.4.2 如何创建元组？

方法 1：在括号中添加元素，并使用逗号隔开即可。

方法 2：使用 tuple() 函数将其他数据类型（必须为可迭代对象）转换为元组，如下例所示。

```
>>>t = [1,2,3]
>>>print(tuple(t))
(1,2,3)
```

7.4.3 不可变序列的通用操作

元组是不可变序列，所以关于序列的通用操作均可执行，等级考试中主要考核如下函数及命令。

1. 通用操作——元组的访问

元组的访问也是借助于索引，其索引的表示方法和列表相同，分为正方向索引和反方向索引，如图 7-1 所示。

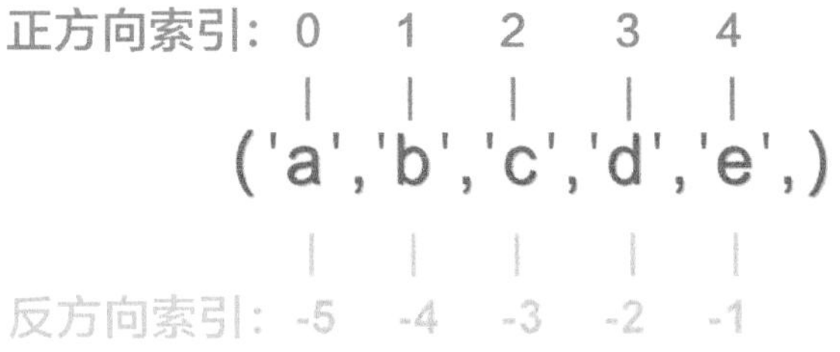

图7-1　元组的正方向索引和反方向索引

要访问元组中的元素，和访问列表中的元素一样，只需要使用元组变量名加上下标即可。

2. 通用操作——元组的嵌套

元组也是可以嵌套的，并且嵌套的数据类型也不仅仅局限于元组，列表等可变序列以及字典等其他数据也可以嵌套到元组中，如下例所示。

```
>>>t =(1,2,3,[1,2,3],{2:"xiangjin"})
>>>t
(1,2,3,[1,2,3],{2:"xiangjin"})
```

元组中嵌套的元素是被当作一个整体看待的，访问被嵌套的元素中的某一个值需要通过逐级索引访问。

3. 通用操作——元组的截取

元组的截取和列表的截取相同，需要确定开始位置、结束位置以及步长，步长默认是 1。元组的截取同样也包含开始索引的值，但不包含结束索引的值，也就是我们经常讲的“包头不包尾”。

4. 其他通用操作

元组的以下运算和列表的运算相同。

（1）len()：获取元组的长度。

（2）in：检查元素是否包含在元组中。

（3）max()：求最大元素。

（4）min()：求最小元素。

（5）sum()：求和运算。

（6）+：元组的加法运算。元组虽然是不可变序列，但是依然可以进行加法运算。元组的加法是将两个元组结合在一起，形成一个新的元组，并不改变原元组的值，如下例所示。

```
>>>T = (21,2,3,4,5,8,0)
>>>t = ('a','b','c')
>>>print(T+t)
(21,2,3,4,5,8,0,'a','b','c')
```

（7）*：元组的乘法运算。元组也可以进行乘法运算，和列表的乘法运算一样，也是将元组的元素重复相应的次数，如下例所示。

```
>>>T = ('a','b','c','d')
>>>print(T*2)
```

```
('a','b','c','d','a','b','c','d')
```

7.4.4 不可变序列——元组的操作

1. index()

在元组中，index() 和在列表中一样，查找元素在元组中的位置，返回值是该元素第一次出现的下标。语法格式也和在列表中一样：元组名 .index(需要查找的元素值)，如下例所示。

```
>>>T = ('a','b','c','d','b','e','b')
>>>print(T.index('b'))
1
```

2. count()

该函数的作用是查找元素在元组中的个数，返回值为整数。

```
>>>T = ('a','b','c','d','b','e','b')
>>>print(T.count('b'))
3
```

3. sorted()

由于元组是不可变序列，所以无法使用 sort() 进行排序，但是可以使用 sorted() 进行排序。前面我们已经介绍过，sorted() 是 Python 的内置函数，可用于所有可迭代对象，返回的是一个新的列表，所以 sorted() 可以用于元组排序，其使用方法和要求同列表中的 sorted()。

7.4.5 易错点

（1）如果元组中只有一个元素，仍然需要加逗号，否则该对象并非元组，如下例所示。

```
>>>a = (1)
>>>b = (1,)
>>>print(type(a))
<class 'int'>      #a 为整数
>>>print(type(b))
<class 'tuple'>    # b 为元组
```

（2）元组为不可变序列，所以列表的很多操作是无法在元组中使用的，比

如更新元素、删除元素、添加元素、反向排序等。

（3）元组使用 sorted() 进行排序后，会生成一个列表，而不是元组，如下例所示。

```
>>>a = (2,1,5,34,8,99,6,7,31)
>>>b = sorted(a)
>>>print(a)
(2,1,5,34,8,99,6,7,31)
>>>print(b)
[1, 2, 5, 6, 7, 8, 31, 34, 99]
```

7.4.6 模拟考题

考题 1 单选题

关于 Python 的元组类型，以下选项中描述错误的是（　　）。

A. 元组不可以被修改

B. Python 中元组使用小括号和逗号表示

C. 元组中的元素要求是相同类型

D. 一个元组可以作为另一个元组的元素，可以采用多级索引获取信息

答案：C

解析：A、B、D 均为正确的，元组中的元素可以是不同类型，所以 C 是错误的，选择 C。

考题 2 单选题

设有元组 tup=(1,2,3,'1','2','3')，执行语句 print(tup[0::2])，得到的结果是（　　）。

A. (1,2)　　B. (1,3)　　C. (1,3,'2')　　D. (1,'1','3')

答案：C

解析：根据 print(tup[0::2]) 可知，是截取元组 tup 的开始到结尾，步长为 2 的所有元素组成一个新的元组。根据 tup=(1,2,3,'1','2','3') 可知，步长为 2 取的值分别为 1、3、'2'，所以正确答案为 C。

考题 3 单选题

已知 t=(1,2,3,4,5,6)，下面哪条元组操作是非法的？（　　）

A. len(t)　　B. max(t)　　C. min(t)　　D. t[1]=8

答案：D

解析：A 选项是求 t 的长度，B 选项是求 t 的最大值，C 选项是求 t 的最小值，D 选项是将下标为 1 的值更新为 8；而在元组中，求元素的多少（又称求长度），求最大值、最小值都是可以的，但是由于元组是不可变序列，元组中的值是不能改变的，所以 D 的操作是不允许的。

考题 4 判断题

d=( )，d 是一个空元组。（　　）

答案：正确

解析：根据元组的格式要求，元组必须由小括号加逗号组成，d=( ) 看似只有小括号，没有逗号，但是元组中如果没有任何元素，直接加入逗号，程序会报错；同时通过 print(type(d)) 我们也可以看到返回的是“<class 'tuple'>”，这说明其数据类型确实为元组。

考题 5 单选题

以下程序的输出结果是（　）。

```
a = tuple('abcdefg')
print(a)
```

A. ('a', 'b', 'c', 'd', 'e', 'f', 'g')　　B. ['a', 'b', 'c', 'd', 'e', 'f', 'g']

C. ['abcdefg']　　D. 'abcdefg'

答案：A

考题 6 判断题

元组的访问速度比列表要快一些，如果定义了一系列常量值，并且主要用途仅仅是对其进行遍历而不需要进行任何修改，建议使用元组而不使用列表。（　　）

答案：正确

解析：什么时候使用列表，什么时候使用元组？列表一般用于不确定个数的数据的集合，比如在我们的计算机里面有多少个 Word 文件，我们事先并不知道，所以用列表来表示；而元组一般用于描述一个东西的特性，个数是提前就知道的，并且一旦确立是不进行更改的，比如考试需要填写的信息——学生的姓名、学号、考号等。

第 8 课　字符串

8.1 学习要点

学习字符串的基本操作以及格式化输出。

8.2 对标内容

（1）理解字符串类型的概念，掌握它的基础用法及操作：字符串的分割、结合、替换、检索、长度获取。

（2）运用 % 运算符输出指定格式，format() 格式化输出。

8.3 情景导入

计算机是由美国发明的，所以在最早的计算机里面只有 127 个字符，包括英文字母、数字和一些常用符号；但是随着计算机的普及，全世界各国的语言有近百种，127 个字符显然不够用，这样各国都开始建立自己的文字编码。但是，各国自己创建自己的编码，势必会造成编码之间的冲突，那该怎么办呢？ Unicode 编码应运而生。Unicode 编码把所有语言都统一到一套编码里，这样就不会再有乱码问题了，这就是现在我们计算机用的通用编码库。现在国内用得最多的 UTF-8 就是在 Unicode 编码的基础上发展出来的。

8.4 字符串

8.4.1 字符串的特性

字符串是 Python 中最常用的数据类型，是不可变序列的一种。我们可以使用英文（半角）引号（单引号 ' 或双引号 "）来创建字符串。

8.4.2 字符串的创建

（1）直接赋值，如 var = "Python 编程等级考试 "。

（2）使用 str() 从其他类型转换，如 str(1234)。

8.4.3 不可变序列的通用操作在字符串中的应用

1. 字符串的访问

直接使用字符串变量名加下标的格式访问，如 a = "Python",a[0] 可以获取到第一个元素的值为 P。

2. 字符串的截取

使用字符串变量加索引的起点和终点进行截取，但是要注意不包含终点索引上的元素，如下例所示。

```
>>>st = "中国电子学会 Python 编程等级考试"
>>>st[0:6]
"中国电子学会"
```

3. len()

获取字符串的长度。

4. in

检查某一个字符或者字符串是否包含在字符串中。

5. max()

求字符串中 Unicode 编码值最大的元素。Python 3 是按照 Unicode 编码进行排序的，其基本规律如下：数字在最前面，接下来是大写字母，然后是小写字母，最后是中文等其他文字。

6. min()

求字符串中 Unicode 编码值最小的元素。

7. +

字符串的加法运算，将两个字符串连接在一起。

8. sorted()

字符串排序。由于字符串也是不可变序列，所以不可以使用 sort 命令进行排序，sorted() 依然按照 Unicode 编码顺序排序。

9. index()

查找某个元素的位置，使用方法同其他数据类型中的 index()，返回值为该元素的下标。

10. count()

查找某个字符或者字符串在整个字符串中的个数，使用方法同元组中的 count()。

8.4.4 字符串特有的相关操作

1. Python中的转义字符

Python 中的字符串是用引号引用起来，但是我们有时候需要输出一些特殊的字符，比如引号、缩进、换行等，为了更好地实现这些功能，大部分编程语言在字符串中都有转义字符。Python 中的转义字符使用反斜杠 \ 来表示，转义字符有很多，二级考试要求掌握的转义字符及作用如表 8-1 所示。

表 8-1　Python 中的转义字符

转义符	描述	案例
\\	反斜杠	>>>print('\\') \
\'	单引号	>>>print('\'') '
\"	双引号	>>>print('\"') "
\b	退格键	>>> print("Hello\bWorld!") Hello　World!
\n	换行	>>> print("Hello\nWorld!") Hello World!

2. 格式化输出

Python 支持格式化字符串的输出，格式化输出有两种方式，一种是 %，一种是 format。

（1）% 格式化输出

在 Python 中，% 格式化输出要求比较严格，要求元素的数量和数据类型必须一一对应。% 格式化有很多种，二级考试中要求掌握的有表 8-2 所示的几种。

表 8-2 % 格式化输出

符号	描述	案例
%d	格式化整数，如果 d 前面有数字，则代表该整数所要占的位置	>>>print(" 这是第 %d 行。"%3) 这是第 3 行。 >>>print(" 这是第 %4d 行。"%3) 这是第　3 行。（3 的前面有 3 个空格）
%f	格式化浮点数，如果 f 前面有数字，则代表保留的小数精度，具体请参考易错点介绍	>>>print(' 圆周率的近似值是：%f。'%3.1415926535 8979323846) 圆周率是：3.141593。 >>>print(' 圆 周 率 的 近 似 值 是：%.2f。'%3.1415926535 8979323846) 圆周率的近似值是：3.14。
%s	格式化字符串，如果前面有数字，则代表字符串的长度，具体请参考易错点介绍	>>>print(" 我 的 名 字 叫 %s， 我 是 %s 的 学 生。"%(' 小明 ',' 四年级 3 班 ')) 我的名字叫小明，我是四年级 3 班的学生。

（2） format 格式化输出

相对于 % 格式化输出，format 格式化输出的要求就没那么严格了。在 Python 3 中，format 也有很多种方法，二级考试要求掌握如下几种。

第一种：使用 format 后面的元组索引位置格式，如下例所示。

```
>>> print('1 乘以 {0} 等于 {0}, 2 乘以 {1} 等于 {2}。'.format(3,4,8))
1 乘以 3 等于 3, 2 乘以 4 等于 8。
```

第二种：使用命名方式，给每个需要格式化的位置命名，然后在 format 中进行变量赋值，如下例所示。

```
>>> print('我叫{name}, 我会的编程语言有{program1}和{program2}, 我学习编程已经{age}年了,用得最多的编程语言是{program2}。'.format(name='张三',program1='Scratch',program2='Python',age=4))
我叫张三, 我会的编程语言有 Scratch 和 Python, 我学习编程已经 4 年了, 用得最多的编程语言是 Python。
```

3. split()

作用：字符串分割，将一个完整的字符串使用分割符分割成字符串列表。

格式：字符串名字 .(" 分隔符 ")，如下例所示。

```
>>>Fruits=" 苹果 , 香蕉 , 橘子 , 葡萄 "
>>>Fruits1=Fruits.split(",")
>>>Fruits1
[' 苹果 ', ' 香蕉 ', ' 橘子 ', ' 葡萄 ']
```

4. join()

作用：和 split() 的功能刚好相反，将列表结合为字符串。

格式：" 连接符 ".join(字符串名)，如下例所示。

```
>>>Fruits=[' 苹果 ', ' 香蕉 ', ' 橘子 ', ' 葡萄 ']
>>>Fruits1 = ",".join(Fruits)
>>>Fruits1
' 苹果 , 香蕉 , 橘子 , 葡萄 '
```

8.4.5 易错点

（1）字符串的截取如果没有步长信息，则步长为 1；如果有，则按照步长进行截取。

（2）字符串中的数字是字符串类型的，所以不能用 sum() 进行求和运算。

（3）字符串中的很多操作，比如检查是否在字符串中、字符串中某一个字符出现的次数等都要注意字符串要加引号，否则 Python 会认为是变量而不是字符串。

（4）%f 可以有两个参数，由小数点隔开，比如 %3.2f；小数点前面的数字代表整个小数的占位数量，如果数位不够，则用空格在前面补齐；小数点后面的数字代表小数位数，如果小数位数不够则用 0 补齐，如下例所示。小数位数的保留采用四舍五入的进位法保留。

```
>>>print(' 这个数是：%10.5f'%1.2)
这个数是：   1.20000    #1 的前面有 3 个空格，整个小数一共 10 个字符
```

（5）%s 的 s 前面可以加整数，代表字符串的长度。如果字符串长度超出了该数字，则显示全部字符串；如果没有超出，则在字符串的前面用空格补齐，如下例所示。

```
>>>print(' 我的名字叫：%s。'%'Python')
我的名字叫：Python。
```

```
>>>print('我的名字叫：%2s。'%'Python')
我的名字叫：Python。
>>>print('我的名字叫：%10s。'%'Python')
我的名字叫：    Python。
```

（6）% 格式化输出可以混合使用，但是每个 % 对应一个内容，必须用元组一一对应注明出来，如下例所示。

```
>>>print('我的名字叫：%s，今年 %d 岁了，我是 %.1f 班的学生。'%('张三',10,4.3))
我的名字叫：张三，今年 10 岁了，我是 4.3 班的学生。
```

8.4.6 模拟考题

考题 1 单选题

已知 s=list("sgdhasdghasdg")，以下选项中能输出字符 "g" 出现的次数的是（　　）。

A. print(s.index(g))　　B. print(s.index("g"))

C. print(s.count("g"))　　D. print(s.count(g))

答案：C

解析：查找某一个字符在字符串中的索引位置使用 index() 函数，但是查找某一个字符在字符串中出现的次数需要使用 count() 函数，另外，count() 括号里面的字符一定要用引号引起来，所以正确答案是 C。

考题 2 单选题

下列代码的执行结果是？（　　）

```
s1="abcde"
s2="fgh"
s3=s1+s2
s3[4:7]
```

A. efg　　B. efgh　　C. def　　D. defg

答案：A

解析：根据题意可知，s1+s2 是将两个字符串进行合并，结果为 "abcdefgh"，然后赋值给 s3，s3[4:7] 代表截取字符串 s3 的索引为 4~7（不含 7）的字符串，所以结果为 efg，选择 A。

考题 3 单选题

已知字符串中的某个字符，要找到这个字符的位置，最简便的方法是（　　）。

A. 切片　　B. 连接　　C. 分割　　D. 索引

答案：D

解析：切片是已知索引才可以进行切片，排除 A 选项；连接是将两个字符串连接为一个，也不符合题意，排除 B；分割是将一个字符串分为由多个字符串组成的列表，也不符合题意，排除 C；索引是已知字符串，然后寻找它的位置，符合题意，所以选择 D。

考题 4 单选题

对 s="www.baidu.com" 执行 s.split(".") 后的结果是（　　）。

A. www.baidu.com　　B. ['www','baidu','com']

C. "www.baidu.com"　　D. wwwbaiducom

答案：B

解析：split 是字符串分割，通过 split()，我们可以将字符串分割成列表，所以正确答案是 B。

考题 5 判断题

运行如下代码：

```
print('今天是%d月%d日，星期%s，天气%s'%(3,25,'三','晴好'))
```

结果为“今天是 3 月 25 日，星期三，天气晴好”。（　　）

答案：正确

解析：这是对字符串格式化输出的用法的考核，%d 代表整型，%s 代表字符串，根据 % 后面的元组，将 (3,25,'三','晴好') 四个元素一一填入对应的格式位置，得到的就是“今天是 3 月 25 日，星期三，天气晴好”，所以题目所述是正确的。

考题 6 单选题

下面程序的执行结果为（　　）。

```
s = '{0}+{1}={2}'.format(2, 3, 5)
print(s)
```

A. 0+1=2　　B. {0}+{1}={2}　　C. 2+3=5　　D. {2}+{3}={5}

答案：C

解析：format 的格式化，{} 里面如果为数字，则代表参数在元组中的索引位置，根据题意，s = '{0}+{1}={2}'.format(2, 3, 5)，格式化输出的结果为 s = '2+3=5'，所以选择 C。

第9课 字典

9.1 学习要点

学习字典的基本概念和操作。

9.2 对标内容

创建字典、访问字典里的值、删除字典里的元素、修改字典。

9.3 情景导入

我们一看到“字典”这两个字，首先想到的一定是日常生活中用的字典，那我们一起来研究一下字典。我们查字典是如何进行的呢？如果我们只知道读音，不知道字如何写，可以通过音序查字法查找到相应的字；如果我们只知道字的写法，但是不知道读音，可以通过部首查字法查找到相应的读音。大家有没有发现，不管使用哪种查字法，都必须要有一个已知关键信息，通过这个关键信息可以找到对应的其他信息。这其实也是 Python 中字典的基本原理：通过键来找到值，它们是对应的关系。

9.4 字典

9.4.1 什么是字典?

Python 中的字典指的是一种可变的容器类型，而且它可以装任意类型对象。所谓容器类型，就是可以存储数据的地方。Python 中的字典是用大括号 {} 括起来的，并且每一个元素由键和值两部分组成，并且键和值之间必须使用英文冒号（:）隔开，由于它们必须一一对应出现，所以又称作键值对，每组键值对之间必须用英文逗号（,）隔开，如下例所示。

```
>>>d = {"西瓜":9.6,"桃子":2,"苹果":4}
```

9.4.2 字典有什么特征?

键是字典中进行读取值及赋值的很重要的标记，所以要求有唯一性，并且是不可变序列；值可以是其他任意数据类型，不要求具有唯一性。

字典并不是序列，所以没有顺序，因而也就没有索引。

9.4.3 字典的创建

字典直接使用 {} 来建立，格式符合字典的要求即可。

9.4.4 访问字典里的值

由于字典没有索引，所以我们不能使用索引的方法来访问字典。要访问字典里的值，有两种常用方法。

第一种：使用字典名加键进行访问，这种方法有点像是把键当作字典的“索引”来访问，格式为“字典名 [键名]”，如下例所示。

```
>>>d = {"西瓜":9.6,"桃子":2,"苹果":4,"樱桃":12}
>>>print(d['樱桃'])
12
```

第二种：使用字典中的 get() 函数进行访问，格式为“字典名 .get(键名)”，如下例所示。

```
>>>d = {"西瓜":9.6,"桃子":2,"苹果":4,"樱桃":12}
>>>print(d.get("苹果"))
4
```

9.4.5 修改字典

1. 修改已有的键的值

直接使用字典名加键的方式进行赋值即可，如下例所示。

```
>>>d = {"西瓜":9.6,"桃子":2,"苹果":4,"樱桃":12}
>>>d['樱桃'] = 20
>>>print(d)
{"西瓜":9.6,"桃子":2,"苹果":4,"樱桃":20}
```

2. 给字典增添新的键值对

同样也采用字典加键的方式直接赋值即可，也就是说：采用该方法赋值，如果字典中已有键，则将该键的值修改为最新的值；如果字典中没有该键，则新增该键值对到字典中，如下例所示。

```
>>>d = {"西瓜":9.6,"桃子":2,"苹果":4,"樱桃":12}
>>>d['梨'] = 8
>>>print(d)
{"西瓜":9.6,"桃子":2,"苹果":4,"樱桃":12,'梨':8}
```

3. 删除字典里面已有的值

使用 del 可以删除一个键值对，如下例所示。

```
>>>dict = {'牛奶': '18元', '鸡蛋': '30元', '薯条': '23元'}
>>>del dict['牛奶']
>>>print(dict)
{'鸡蛋': '30元', '薯条': '23元'}
```

4. 清空字典里的值

clear() 可以清空字典里的所有值，使字典成为一个空字典，其格式为“字典名 .clear()”。

9.4.6 求字典的长度

求字典的长度和求字符串的长度一样，使用 len() 函数进行求值，返回值为字典里元素的数量。但是在这里要注意：字典中的键值对是按照一个元素对待的，如下例所示。

```
>>>dict = {'牛奶': '18元', '鸡蛋': '30元', '薯条': '23元'}
>>>print(len(dict))
3
```

9.4.7 检查键是否在字典中

使用 in 可以检测键是否在字典中，如果在则返回 True，否则返回 False；但是这里要注意：in 只检查键，并不检查值。如下例中的”Python”是值，并不是键，所以返回值依然是 False。

```
>>>dict = {'name': 'Python', 'age': '21', 'edi': 3.7}
>>>print('Python' in dict)
False
```

9.4.8 易错点

（1）字典的键具有唯一性，如果创建时同一键被赋值两次，则后一个值会取代前一个值成为键的值，如下例所示。

```
>>>dict = {'牛奶': '18元', '鸡蛋': '30元', '牛奶': '23元'}
>>>print ("dict['牛奶']: ", dict['牛奶'])
dict['牛奶']:  23元
```

键必须不可变，所以可以用数字、字符串或元组充当，而用列表就不行，会报 TypeError 错误，如下例所示。

```
>>>dict = {['name']: 'Python', 'age': '18岁'}
>>>print (dict['name'])
TypeError: unhashable type: 'list'
```

（2）字典的值必须使用字典里已有的键来访问，如果用字典里没有的键访问，会报 KeyError 错误。

（3）把键当作“索引”访问字典和使用 get() 函数访问字典的区别：最大的区别是 get() 函数可以自定义没有该键时的返回值，如果没有自定义，则返回 None；而把键当作“索引”来访问字典时，如果没有该键，则会报错。

9.4.9 模拟考题

考题 1 单选题

下面的代码的输出结果是（　　）。

```
a={'sx':90,'yuwen':93,'yingyu':88,'kexue':98}
print(a['sx'])
```

A. 93　　B. 90　　C. 88　　D. 98

答案：B

解析：a['sx'] 表示求键为 'sx' 的值，根据题意，该值为 90，所以答案为 B。

考题 2 单选题

已知字典 score={"语文":95,"数学":93,"英语":97}，则执行 print(score["语文"]+score["数学"]//2)，输出的结果为（　　）。

A. 141　　B. 141.5　　C. 94　　D. 94.0

答案：A

解析：根据题意，可知 score["语文"]=95，score["数学"]=93，那么 score["语文"]+score["数学"]//2 可以改为 95+93//2。根据 Python 的运算符规则，我们先计算 93//2=46，那么 95+46=141，所以正确答案为 A。

考题 3 单选题

以下程序的运行结果是（　　）。

```
a={"name":"jt","age":29,"class":5}
a["age"]=15
a["school"]="电子城中学"
print("age:",a["age"])
print("school:",a["school"])
```

A. age: 29
school: 电子城中学

B. age: 15

C. age: 15
school: 电子城中学

D. school: 电子城中学

答案：C

解析：根据第 2 行、第 3 行代码可知，更新了 age 对应的值为 15，添加了 school 键和对应的信息“电子城中学”，最后字典的值成了 {"name":"jt","age":15,"class":5,"school":"电子城中学"}，所以 a["age"] 的值为 15，a["school"] 的值是 "电子城中学"，正确答案是 C。

第 10 课　流程控制

10.1 学习要点

学习 Python 中的流程控制，熟悉条件语句、循环语句的使用方法，结合之前的知识能够编写较为复杂的程序，能够解决较为复杂的问题。

10.2 对标内容

（1）让学生掌握 Python 编程的流程控制以及数据类型，会使用这些相关语句进行编程，会用使用循环、分支等语句完成较为复杂的 Python 程序，能够解决较为复杂的问题。

（2）对 Python 编程有更深入的了解，熟悉 Python 数据类型和流程控制语句。具备一定的逻辑推理能力和把逻辑推理用程序表达出来的计算思维能力。

（3）理解选择结构语句的功能和写法，能够完成简单选择结构的程序。

（4）掌握程序的单分支结构，理解二分支、多分支结构语句。

（5）理解循环结构语句的功能和写法，能够完成简单循环结构的程序；理解 for 循环、while 循环、break 和 continue 循环控制结构语句。

（6）理解 range() 的概念，掌握它的基础用法及操作。

10.3 情景导入

世界万物都是有秩序的，大到宇宙，小到原子结构都有着自己的规律，不过

有些规律已经被我们人类所认识，有些规律还处在未知状态。秩序保证着我们的世界能够正常运转，生态、社会、交通、工作等都有着自己的规则。计算机世界也有自己的流程控制规则，这些规则的组合应用才形成了现在多姿多彩的信息时代。流程控制从某种程度上来说，是计算机里面的“交通信号灯”。

10.4 分支结构

10.4.1 知识点详解

分支结构又称为条件语句，在 Python 中，条件语句可以通过对一个或者多个条件进行判断，从而让程序按照一定的流程处理相关工作。

1. 条件语句的构成

在 Python 中，条件语句一般由 if、elif、else 组成，根据其组成的分支数量不同，可分为单分支结构、二分支结构和多分支结构。

2. 单分支结构

单分支结构由一个 if 语句组成，如果条件成立则执行指定的语句块；如果条件不成立则不执行任何语句块，直接进入条件语句之后的语句。其工作流程如图 10-1 所示。

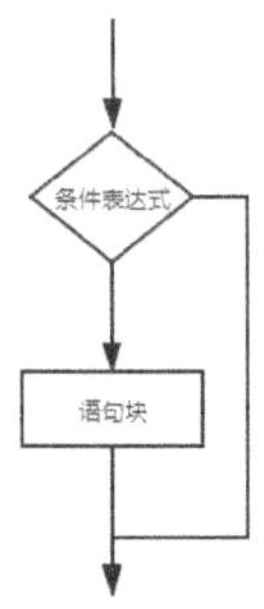

图10-1　单分支结构工作流程

单分支结构在 Python 中的写法要求如下。

（1）if 语句后面跟随条件表达式。

（2）if 条件语句后面必须跟英文冒号（:），表示条件语句成立后需要执行的程序的开始。

（3）条件成立时运行的语句或者语句块必须缩进，一般缩进 4 个空格（或 1 个 Tab）。

（4）不在条件语句执行模块里面的后续语句不能缩进，必须和 if 条件语句保持同一缩进，如下例所示。

```
前面语句
if 条件表达式:
    语句 / 语句块
后续语句
```

单分支结构一般用于只有一种情况的程序，如下例所示。

在这个示例程序中，只有一个条件语句 (a > 0)，如果条件成立，则输出 'a 为正数。'；条件语句之后的 print(' 程序已执行完。')，无论条件是否成立，均会执行。

```
a = 34
if a > 0:
    print('a 为正数。')
print(' 程序已执行完。')
```

3. 二分支结构

二分支结构，也有一个 if 语句，但和单分支结构不同的是，二分支结构有条件成立和条件不成立两种情况。其工作流程如图 10-2 所示。

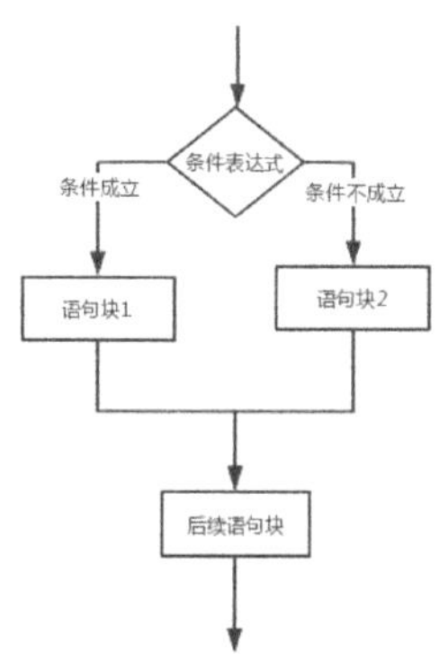

图10-2 二分支结构工作流程

二分支结构由 if…else…组成，if 后面跟随条件，条件后面必须要有英文冒号（:）；else 后面无须跟随条件，但是也必须加英文冒号（:）。同样的，条件成立以及条件不成立的语句块均要缩进；else 之后不在条件语句内的后续语句无须缩进，必须和 else 保持一致，如下例所示。

```
a = 34
if a > 0:
    print('a 为正数。')
else:
    print('a 为 0 或者负数。')
print('程序已执行完。')
```

在上面的示例中，条件为 a>0，但是分为两种情况，一种是条件成立，则输出 'a 为正数。'；另一种是条件不成立，则输出 'a 为 0 或者负数。'。最后一句为后续语句，不管条件成立与否，均要执行。

4. 多分支结构

多分支结构，顾名思义是由多个分支组成的结构，用于多种条件下的程序设计，其工作流程如图 10-3 所示。

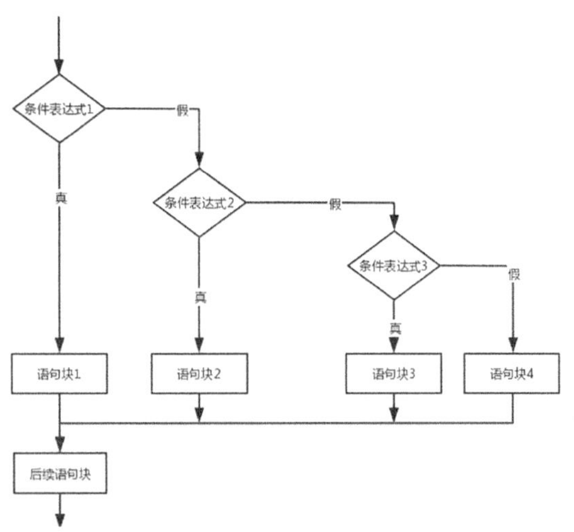

图10-3　多分支结构的工作流程

多分支结构，其格式一般为 if…elif…elif…else…。elif 的意思为“否则如果”，elif 后面也需要跟随条件判断语句。elif 可以根据条件判断的多少进行增减。同样的，每一个条件下的语句块都必须进行缩进，如下例所示。

```
a = 34
if a == 0:
    print('a 为 0。')
elif a>0:
    print('a 为正数。')
```

```
else:
    print('a 为负数。')
print('程序已执行完。')
```

5. 分支结构的嵌套

分支结构的嵌套，又称作条件语句的嵌套，它也是多分支结构的一种表现形式，其特征是，一般由多层二分支或者多分支结构嵌套在一起组合而成。二级考试涉及的分支嵌套一般不超过 3 层。其工作流程如图 10-4 所示。

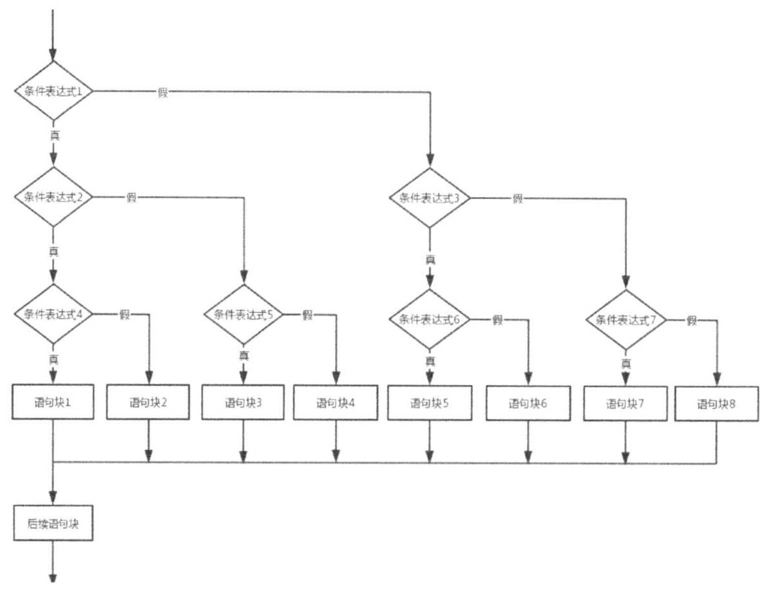

图10-4　分支结构的嵌套

嵌套分支中的每一个分支都必须遵守缩进和英文冒号等格式要求，同一级别的分支必须在同一个缩进层次里面。嵌套分支中，程序是先运行最外层的条件，然后再逐层运行里面的嵌套条件，一直到最后的语句块；我们也可以理解为下一层的分支是作为一个整体放到了上一层的分支中，如下例所示。

```
a = 34
if a % 2 == 0:
    if a % 3 == 0:
        print('a 可以被 2 整除，也可以被 3 整除。')
    else:
        print('a 可以被 2 整除，但不可以被 3 整除。')
else:
```

```
    if a % 3 == 0:
        print('a 不可以被 2 整除，但可以被 3 整除。')
    else:
        print('a 既不可以被 2 整除，也不可以被 3 整除。')
print('程序已执行完。')
```

10.4.2 易错点

（1）单分支结构适合只有一种情况的程序，分支之后的程序，无论条件是否成立，都要执行。

（2）else 后面没有条件语句，但是依然需要加英文冒号。

（3）elif 后面必须有条件语句，并且条件语句后面也需要加英文冒号。

（4）嵌套分支一定要注意分支的缩进，缩进的不同代表不同的嵌套层次。

10.4.3 模拟考题

考题 1 判断题

执行以下代码，输入数字 99，运行结果是 ok。（　　）

```
a=input('输入一个数字：')
if a<100:
    print('ok')
```

答案：错误

解析：本题的考核点主要有两个，一个是 if 语句的使用，根据题意，可以看出，本题中的缩进、冒号均没有问题；另一个考点是 input 语句的返回值是一个字符串，并非一个数字，所以不能和数字 100 进行比较，本题的说法是错误的。

考题 2 单选题

关于以下代码，描述正确的是（　　）。

```
a = 'False'
if a:
    print('True')
```

A. 上述代码的输出结果为 True

B. 上述代码的输出结果为 False

C. 上述代码存在语法错误

D. 上述代码没有语法错误，但没有任何输出

答案：A

解析：在 Python 中，只有 False、空和 0 才是 False，a = 'False' 看起来好像是 False，但实际上这里的 False 为字符串，而并非布尔值，所以 if a 的布尔值仍然为 True，运行 print('True') 语句，结果为 A。

考题 3 单选题

下面的代码运行后输入 23，其结果为（　　）。

```
a = int(input('请输入一个整数'))
if a >30:
    if a-7 == 23:
        print('情况一！')
    else:
        print('情况二！')
else:
    if a+7 == 30:
        print('情况三！')
    else:
        print('情况四！')
```

A. 情况一！　　B. 情况二！　　C. 情况三！　　D. 情况四！

答案：C

解析：根据题意可知，a = 23，那么 a<30，所以排除 A、B 选项；23+7=30，刚好符合 C 选项的条件，所以选择 C。

考题 4 单选题

character = ["诚实", "感恩", "坚持", "守时"]，运行以下代码，结果是（　　）。

```
if not("怜悯" in character):
    character.append("怜悯")
print(character[1] + character[-1])
```

A. 诚实守时　　B. 诚实怜悯　　C. 感恩守时　　D. 感恩怜悯

答案：D

解析：由于 "怜悯" 不在列表 character 中，所以条件语句 if not("怜悯" in character) 的结果为真，因而执行 character.append("怜悯")，此时列表 character 的值为 ["诚实", "感恩", "坚持", "守时","怜悯"]，所以最后执行 print(character[1] + character[-1]) 的结果为“感恩怜悯”，答案为 D。

10.5 循环结构

10.5.1 知识点详解

在Python中，循环可以分为两大类：条件循环（while循环）和遍历循环（for循环）。

1. 条件循环

条件循环（while 循环）指的是如果某个条件成立，则一直执行某个或者某些语句块，一般被重复执行的语句块称作循环体。其工作流程如图 10-5 所示。

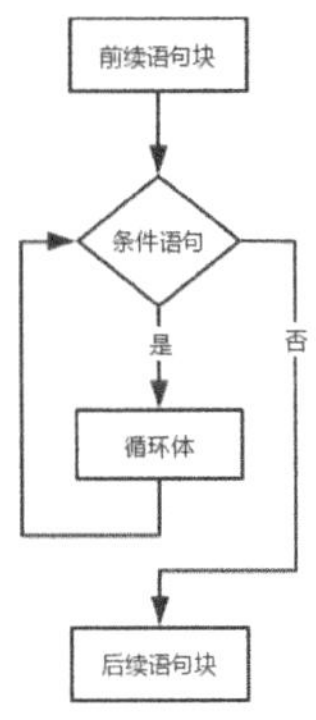

图10-5　条件循环的工作流程

条件循环语句的一般格式为：

```
while 判断条件：
    执行代码块（循环体）
```

如下例所示。

```
a = 1
while a<5:
    print(a)
    a += 1
```

2. 遍历循环

遍历循环（for 循环）是序列（或其他可迭代对象）中每个元素执行相关语句块的循环过程；也可以理解为将可迭代的对象从迭代器里面按照一定的规则（比如一个一个、隔一个等）取出，然后进行相关操作的过程。

遍历循环的工作流程如图 10-6 所示。

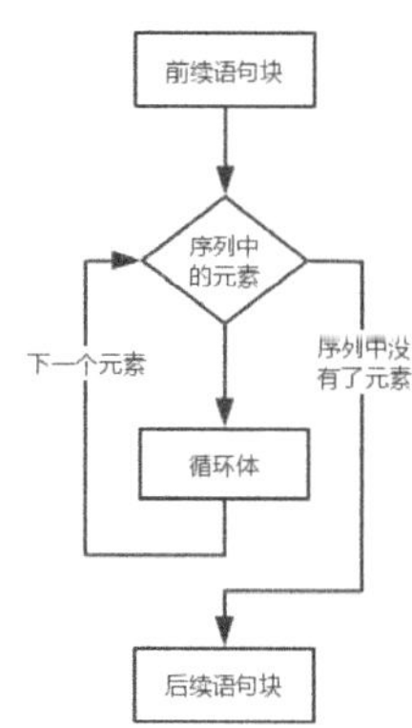

图10-6　遍历循环的工作流程

for 循环语句的一般格式为：

```
for 变量 in 序列:
    执行代码块（循环体）
```

如下例所示。

```
for i in [1,2,3,4,5,6,7]:
    i = i*2
    print(i)
```

3. break语句：循环的跳出

循环中，如果需要跳出循环，一般使用 break 语句。break 的作用是跳出当前的 while 循环或者 for 循环。

break 语句的工作流程如图 10-7 所示。

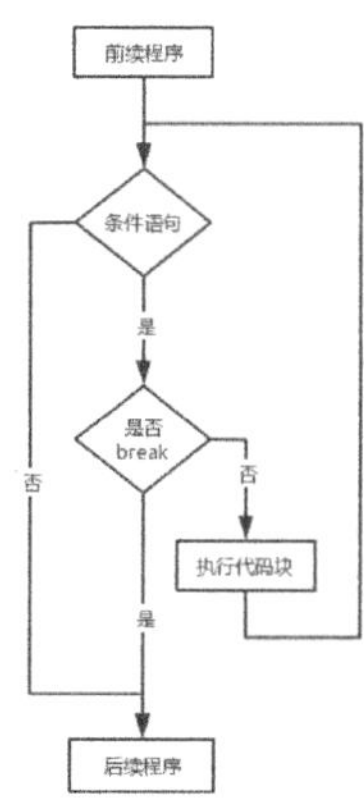

图10-7　break语句的工作流程

break 语句一般会和条件语句结合起来使用，如下例所示。

```
n = 15
while n > 0:
    n -= 1
    if n == 2:
        break
    print(n)
print('循环结束。')
```

4. continue语句：停止当前循环，开启下次循环

和 break 语句不同，continue 语句并不会跳出循环，它只是停止当次循环，然后跳回循环开始位置，继续下一次循环。

continue 语句的工作流程如图 10-8 所示。

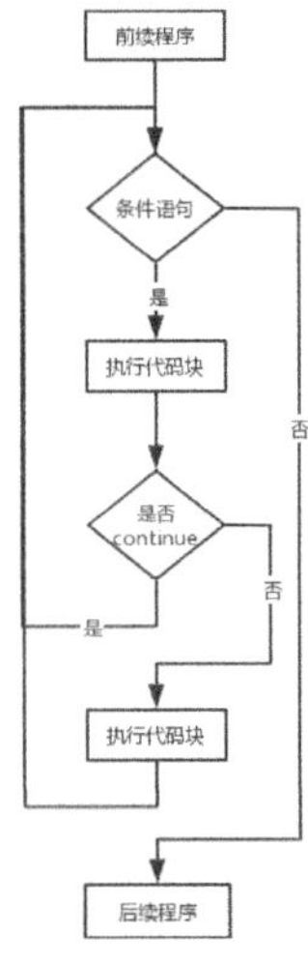

图10-8　continue语句的工作流程

同样的，continue 语句一般也要和条件语句结合起来使用，如下例所示。

求 1~10（含）的奇数，可以用下面的程序。

```
a = 0
while a<10:
    a += 1
    if a%2 ==0:
        continue
    print(a)
```

5. range()语句

range() 并不是一种数据类型，也不是列表，它是一种可迭代对象。

range()的参数有3个，格式为range(start, stop, step)；start代表开始位置，该参数为可选项，如果没有则代表从 0 开始；stop 代表结束位置，该参数为必需项；step 为步长，该参数为可选项，如果没有，则代表步长为 1。

range() 中的参数必须为整数，不能为小数。

range() 一般和 for 循环结合起来使用，用于控制循环次数，如下例所示。

```
for i in range(5):
    print(i)
```

10.5.2 易错点

（1）break 语句与 continue 语句的不同：break 语句可以跳出 for 和 while 循环的循环体，终止了 for 或 while 循环，任何对应的循环 else 块将不执行。continue 语句被用于跳过当前循环中的剩余语句，然后继续进行下一轮循环。continue 并没有跳出循环或者停止循环，只是暂停了当次循环的剩余语句。

（2）循环也可以进行嵌套，嵌套的循环是作为一个整体参与循环，所以要注意缩进关系。

（3）无限循环一般采用 while 循环，只需要将 while 后的条件语句永久设为 True 就可以实现。

（4）由于 for 循环是遍历方式的有限次数循环，所以 for 循环均可以改为 while 循环。

（5）循环语句一般和条件语句以及其他知识点整合在一起命题，遇到这种题目，首先要理清循环结构、判断条件，然后按照程序流程逐一进行分析，从而得出答案。

（6）range() 的可迭代对象和列表的截取一样采用“包头不包尾”的原则：包括开始参数的值，但不包括结束参数的值，例如 range(100) 是不包含 100 的，只包含 0~99。

10.5.3 模拟考题

考题 1 单选题

执行下面程序，结果是（　　）。

```
i=1
while i<=10:
    i+=1
    if i%2>0:
        continue
    print(i)
```

A. 1 3 5 7　　B. 2 4 6 8 10　　C. 2 4 6 8　　D. 1 3 5 7 9

答案：B

解析：根据代码的前 3 行可以看出，在 i 小于等于 10 时，i 从 1 不断往上加 1；第四行条件语句为 i 不可以被 2 整除，则 continue，意味着跳过最后一行（输出 i），因而只输出 1~10 能被 2 整除的数，所以答案为 B。

考题 2 单选题

下列关于分支和循环结构的描述中，错误的是（　　）。

A. while 循环只能用来实现无限循环

B. 所有的 for 循环都可以用 while 循环改写

C. 保留字 break 可以终止一个循环

D. continue 可以停止后续代码的执行，从循环的开头重新执行

答案：A

解析：A 选项，while 循环不仅可以实现无限循环，还可以实现条件循环、有限次数循环；B 选项，for 循环确实可以用 while 循环改写，因为 for 循环都是遍历方式的有限次数循环；C 和 D 选项都是描述这两个命令的正常用途。所以选择 A。

考题 3 单选题

下面的程序执行完毕后，最终的结果是（　　）。

```
a=[34,17,7,48,10,5]
b=[]
c=[]
while len(a)>0:
    s=a.pop()
    if(s%2==0):
        b.append(s)
    else:
        c.append(s)
```

```
print(b)
print(c)
```

A. [34, 48,10] [17, 7, 5]　　B. [10, 48, 34] [5, 7, 17]

C. [10, 48, 34] [17, 7, 5]　　D. [34, 48, 10] [5, 7, 17]

答案：B

解析：根据代码 while len(a)>0: 和 s=a.pop() 可知，这个循环将把 a 列表里面的值一个一个地从后往前取，并且赋值给 s，根据代码

```
if(s%2==0):
    b.append(s)
else:
    c.append(s)
```

可知：该条件语句的作用是将 s 进行分类，按照一定的顺序，将偶数放到 b 列表里面，将奇数放到 c 列表里面。根据前面的循环代码，s 取值的顺序为 5,10,48,7,17,34，所以 b 列表为 [10, 48, 34]，c 列表为 [5, 7, 17]，答案为 B。

考题 4 单选题

以下程序的运行结果是（　　）。

```
l =["兰溪","金华","武义","永康","磐安","东阳","义乌","浦江"]
for s in l:
    if"义"in s:
        print(s)
```

A. 兰溪 金华 武义　　B. 武义 义乌

C. 武义　　D. 义乌

答案：B

解析：该题目是对 l 列表里的所有元素进行检查，看是否包含"义"，如果包含，则输出该元素，所以答案为 B。

考题 5 单选题

以下代码绘制的图形是（　　）。

```
import turtle
for i in range(1,7):
    turtle.fd(50)
    turtle.left(60)
```

A. 七边形　　B. 六边形　　C. 五边形　　D. 五角星

答案：B

解析：根据 range(1,7) 可知，循环体的代码执行 6 次，所以一定是六边形；同时根据 turtle.left(60) 可知每条边都是转 60°，60° ×6，刚好 360°，形成一个完整的六边形，所以选择 B。

考题 6 单选题

运行以下代码，输出的结果是（　　）。

```
for i in range(9):
    if i * i > 40:
        break
print(i)
```

A. 7　　B. 9　　C. 8　　D. 6

答案：A

解析：for i in range(9) 是取 0~8 的整数，if i * i > 40 是判断 i 的平方是否大于 40，根据题意，如果该值大于 40 则跳出循环。那么按 0~8 依次取值，到 7 才可以到达平方大于 40 的要求，因而 i 等于 7，答案为 A。

第 11 课　计算思维

11.1 学习要点

编写较为复杂的 Python 程序。

11.2 对标内容

（1）掌握 Python 编程的流程控制以及数据类型，会使用这些相关语句进行编程，会使用循环、分支等语句完成较为复杂的 Python 程序，能够解决较为复杂的问题。

（2）能编写二分支、多分支结构语句程序，有循环、中断及条件语句的程序。

11.3 情景导入

学习了这么久，大家是否有这样的一种感觉：看到书上的编程题目都会，但是合起书来，面对一道新的题目好像又不会了。这说明你只是知道了这些知识，但还不会用这些知识进行编程，这也是我们学习编程的一种正常情况。那如何做才能改变这种情况呢？那就开始尝试自己编写每一个程序，并且分析每次错误的原因，周而复始，你一定能做到得心应手。

11.4 计算思维

11.4.1 知识点详解

从二级考试开始，计算思维基本以编程题的方式来考核，所以编程题有一定的难度。但是，编程题中所有涉及的知识点都是前面我们已经罗列过的，这里重点考核的是解决问题的能力和程序设计的能力。

同一道题，解决方案一般也有多种，建议同学们采用代码较少、实现起来比较简单的方案。比如下面这道题，如果采用类型转换或者一一比较等方法也可以完成，但是其代码量均比较大，程序的流程等都比较复杂；如果采用遍历判断的方法，会简单很多，也易于理解。

剔除数字

要求如下：

（1）编写一段程序，程序运行后，需要用户随意输入一段包含数字和字母的字符串。

（2）程序会自动删除字符串中的数字，然后输出一串没有数字的字符串（纯字母的字符串）或者列表（没有数字）。

（3）要求输出的非数字的字符顺序不能变。

解题思路：

（1）用户输入的是一段不确定的文字，里面包含数字、字母等内容，并且最后输出的非数字的字符顺序也不能变，由此我们首先想到的是使用列表，因为列表是可变序列。

（2）自动删除字符串里面的数字，那么首先就要判断字符是否是数字，这里我们想到可以使用 if…in…语句来进行判断。

（3）剔除某一个值有多种方法，但是由于并不知道这些元素所在的索引位置，我们可以用 remove()；除此之外还有一种方法，将需要的元素放到一起，不加入不需要的元素。

根据以上思路，我们可以编写出如下程序。

```
a=input("输入字符串")      # 接受用户输入
b=[]                        # 建立空列表，将需要的元素放进去
for i in a:                 # 遍历字符串 a
```

```
    if i not in "0123456789":    # 判断取出的字符是否为数字
        b.append(i)              # 如果不是，则把该字符加入 b 列表
print(b)                         # 输出最后的结果
```

11.4.2 模拟考题

考题 1 编程题

数字转汉字：用户输入一个 1~9（包含 1 和 9）的任一数字，程序输出对应的汉字。如输入 2，程序输出“二”。可重复查询。

题目解析：该题目的难点在于将数字 1~9 和中文数字一到九进行一一绑定，这里可以用的方法有 3 种：列表、元组、字典。

参考程序 1：使用列表

```
dd=['一','二','三','四','五','六','七','八','九']
while True:
    a=int(input('输入数字：'))
    print(dd[a-1])
```

参考程序 2：使用元组

```
dd=('一','二','三','四','五','六','七','八','九')
while True:
    a=int(input('输入数字：'))
    print(dd[a-1])
```

参考程序 3：使用字典

```
dd={'1':'一', '2':'二','3':'三','4':'四','5':'五','6':'六','7':'
七','8':'八','9':'九'}
while True:
    a=input('输入数字：')
    print(dd[a])
```

考题 2 编程题

求质数：提示用户输入两个正整数（1 除外），编程求出这两个数之间的所有质数并打印输出。显示格式为“* 数是质数。”

题目解析：该题的难点有两个。第一个是用于输入的两个数要进行比较，只有知道了范围，才可以进行筛选；第二个是质数的计算，即怎样才能确定这个数是质数。

参考程序

```
a = int(input("请输入开始的整数值："))
```

```
b = int(input("请输入结束的整数值: "))
x=(a,b)
x1=min(x)
x2=max(x)
for n in range(x1,x2+1):
    for i in range(2,n-1):
        if n % i==0:
            break
    else:
        print(n,"是质数")
```

考题 3　编程题

根据乘坐出租车的里程，计算应该支付的费用。

（1）程序开始运行后，输入一个数字（整数）作为里程（提示为“请输入里程，单位为千米：”）。

（2）计算乘坐出租车应该支付的费用，保留两位小数。其计算方式如下：

3 千米内收费 13 元；

超出 3 千米，在 15 千米内，每千米收费 2.3 元；

超出 15 千米，每千米收费 3.45 元。

题目分析：该题目主要的难点有 3 个。

（1）费用的计算问题，3 种不同的情况如何进行累计。

（2）保留两位小数。

（3）数据类型转换。

参考程序

```
miles = int(input("请输入里程，单位为千米: "))    # 输入里程
fee = 0                                          # 车费初始化
if 0 < miles <= 3:                               # 3 千米内
    fee = 13
elif 3 < miles <=15:                             # 超出 3 千米，15 千米内
    fee = 13 + 2.3 * (miles -3)
elif miles > 15:                                 # 超出 15 千米
    fee = 13 + 2.3 * (15 - 3) + 3.45 * (miles - 15)
else:                                            # 输入负数时提示错误
    print("不能为负数，请重新输入！ ")
fee = round(fee, 2)                              # 保留两位小数
print("应付的费用是: ", fee)
```

全国青少年软件编程等级考试 Python 编程

三级

全国青少年软件编程等级考试 Python 编程三级标准

一、考试标准

1. 理解编码、数制的基本概念，并且会应用。

（1）能够进行二进制、十进制以及十六进制之间的转换。

（2）理解 Python 中的数制转换函数。

2. 掌握一维数据的表示和读写方法，能够编写程序处理一维数据。

3. 掌握二维数据的表示和读写方法，能够编写程序处理二维数据。

4. 掌握 CSV 格式文件的读写方法。

5. 理解程序的异常处理：try-except 结构语句。

6. 理解算法的概念，掌握解析、枚举、排序、查找算法的特征，能够用这些算法实现简单的 Python 程序。

7. 记住常用核心内置函数的功能及用法。

二、考核目标

让学生能够独立进行 Python 编程，能够理解 Python 的基本框架，会使用和处理相关数据，能够解决较为复杂的问题，并且可以处理简单的程序异常问题。

三、能力目标

通过本级考试的学生，对 Python 编程有了较为全面的理解，熟悉了 Python 的数据处理方式，具备较强的逻辑推理能力和计算思维能力。

四、知识块

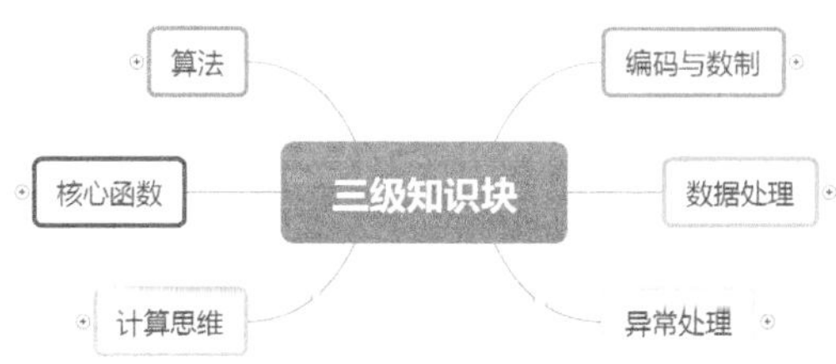

知识块思维导图（三级）

五、知识点描述

编号	知识块	知识点
1	编码与数制	二进制、八进制、十进制、十六进制的概念及互相转换，并且会使用 Python 中的数制转换函数
2	数据处理	一维及二维数据的如下知识：表示、存储、格式化、读入文件、写入文件、提取数据、CSV 文件的操作、添加数据
3	异常处理	会使用 try-except 进行异常处理、异常分析
4	算法	掌握解析、枚举、排序、查找等算法
5	核心函数	至少掌握 69 个常用函数中的最常用函数，包含数学运算函数（7 个）：abs、divmod、max、min、pow、round、sum；类型转换函数（15 个）：bool、int、float、str、ord、chr、bin、hex、tuple、list、dict、set、enumerate、range、object；序列操作函数（6 个）：all、any、filter、map、next、sorted；对象操作函数（6 个）：help、dir、type、ascii、format、vars；交互操作函数（2 个）：print、input；文件操作函数（1 个）：open
6	计算思维	能综合应用解析、枚举、排序、查找等算法，会进行冒泡排序、选择排序、插入排序等

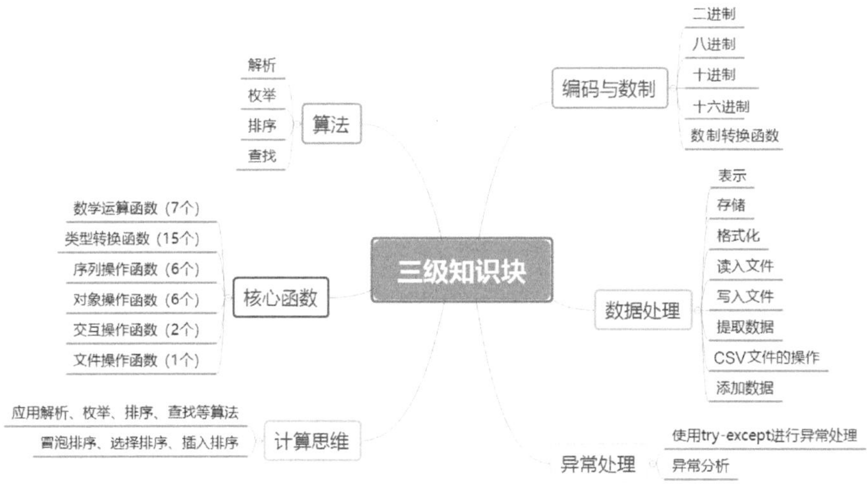

知识点思维导图（三级）

六、题型配比及分值

知识体系	单选题	判断题	编程题
编码和数制（12 分）	8 分	4 分	0 分
数据处理（20 分）	10 分	6 分	4 分
异常处理（6 分）	4 分	2 分	0 分
核心函数（30 分）	22 分	8 分	0 分
算法（16 分）	6 分	0 分	10 分
计算思维（16 分）	0 分	0 分	16 分
分值	50 分	20 分	30 分
题数	25	10	3

第 12 课　编码与数制

12.1 学习要点

（1）二进制数、八进制数、十六进制数的概念及它们与十进制数相互转换的方法。

（2）如何使用 Python 中的数制转换函数。

12.2 对标内容

能够进行二进制、八进制、十六进制与十进制之间的相互转换；理解 Python 中的数制转换函数。

12.3 情景导入

二进制起源于中国。二进制的运用，在我国古代就已显现得淋漓尽致。中国古代的二进制运用与现代电子计算机中二进制的运用是一致的。首先从《易经》上可以看到二进制的起源。《易经》阐述的是世间万象变化，通过卦爻来说明天地之间、日月系统以内、人生与事物变化的法则。《易经》中的卦是用阳爻（—）、阴爻（--）表示的，可看作用二进制手段实现的。中国古代将二进制运用于天地、人事、哲学研究，而现代的信息系统领域将二进制运用于电子数字化研究。

12.4 十进制与二进制

12.4.1 知识点详解

人们通常把用来表示信息的符号组合称为信息代码，而编制代码的过程称为信息编码。

在计算机中，所有的信息都是采用二进制数存储的，计算机存储的最小单位是位，每一个二进制位可以表示 0 和 1 两种信息。

二进制数的特点是：有 0、1 两个基本数码，采用逢二进一的进位规则。

将十进制数转化为二进制数的方法：除以 2 取余，逆序输出。

例如：$(143)_{10}=(10001111)_2$

除以 2 取余数，直到商为 0，将所得余数倒排序。

	余数	
2 | 143	······ 1	最低位
2 | 71	······ 1	↑ 逆
2 | 35	······ 1	序
2 | 17	······ 1	
2 | 8	······ 0	排
2 | 4	······ 0	
2 | 2	······ 0	列
1	······	最高位

将二进制数转化为十进制数的方法：按权展开，逐项相加。

例如：$(1011)_2=1\times 2^3+0\times 2^2+1\times 2^1+1\times 2^0=(11)_{10}$

n 个二进制位最多能表示的不同信息个数是 2^n；n 位的二进制数能表示的最大十进制数是 2^n-1。

Python 中的转换函数：bin() 函数将十进制整数转换为二进制数字符串，要求参数必须为整数；int() 函数将二进制数字符串转换为十进制数。

例如：

```
>>> bin(11)
'0b1011'                # 以 0b 开头的数字代码串，表示一个二进制数
>>> int("0b1011",2)
11
>>> int("1011",2)       # 也可以省略 0b，与上一行代码等价
11
```

12.4.2 易错点

（1）bin() 函数将十进制整数转换为二进制数，返回的结果是字符串。

（2）二进制数的前缀“0b”可以省略，同时“0b”与“0B”等价，不区分大小写，八进制数、十六进制数的表示同理。

12.4.3 模拟考题

考题 1 单选题

将十进制数 120 转换为二进制数时，该二进制数的位数是（　　）。

A. 5　　B. 6　　C. 7　　D. 8

答案：C

解析：将 120 除 2 取余，逆向输出，得到的答案是 1111000。

考题 2 判断题

二进制数 10101010 对应的十进制数为 169。（　　）

答案：错误

解析：按权展开，得到的答案是 170。

 12.5 十进制与八进制

12.5.1 知识点详解

八进制数的特点是：有 0、1、2、3、4、5、6、7 共 8 个基本数码，采用逢八进一的进位规则。

将十进制数转化为八进制数的方法：除以 8 取余，逆序输出。

例如：$(143)_{10}=(217)_8$

除以 8 取余数，直到商为 0，将所得余数倒排序。

将八进制数转化为十进制数的方法：按权展开，逐项相加。

例如：$(217)_8=2\times8^2+1\times8^1+7\times8^0=(143)_{10}$

Python 中的转换函数：oct() 函数将十进制整数转换为八进制数字符串，要求参数必须为整数；int() 函数将八进制数字符串转换为十进制数。

例如：

```
>>> oct(143)
'0o217'
>>> int("0o217",8)
143
>>> int("217",8)     #0o 可以省略，与上一行代码等价
143
```

12.5.2 易错点

（1）oct() 函数将十进制整数转换为八进制数字，返回的结果是字符串。

（2）八进制数的前缀“0o”可以省略，“0o”与“0O”等价，不区分大小写。

12.5.3 模拟考题

考题 1 单选题

十进制数 11 对应的八进制数是（ ）。

A. 10　　B. 11　　C. 12　　D. 13

答案：D

解析：将 11 除以 8 取余，逆向输出，得到的答案是 13。

考题 2 判断题

八进制数 68 对应的十进制数为 56。（ ）

答案：错误

解析：八进制数没有“8”这个基数，所以答案是错误。

12.6 十进制与十六进制

12.6.1 知识点详解

十六进制数的特点是：有 0、1、2、3、4、5、6、7、8、9、A、B、C、D、E、F 共 16 个基本数码，采用逢十六进一的进位规则。

将十进制数转化为十六进制数的方法：除以 16 取余，逆序输出。

例如：$(143)_{10}=(8F)_{16}$

除以 16 取余数，直到商为 0，将所得余数倒排序。

将十六进制数转化为十进制数的方法：按权展开，逐项相加。

例如：$(8F)_{16}=8\times16^1+15\times16^0=(143)_{10}$

Python 中的转换函数：hex() 函数将十进制整数转换为十六进制数字符串，要求参数必须为整数；int() 函数将十六进制数字符串转换为十进制数。

例如：

```
>>> hex(143)
'0x8f'
>>> int("0x8f",16)
143
>>> int("8F",16)      #0x 可以省略，x 不区分大小写，基数 f 也不区分大小写，与上一行代码等价
143
```

12.6.2 易错点

（1）hex() 函数将十进制整数转换为十六进制数，返回的结果是字符串。

（2）十六进制数的前缀“0x”可以省略，“0x”与“0X”等价。

12.6.3 模拟考题

考题 1 单选题

将十进制数 30 转换为十六进制数，最低位上的数是（　　）。

A. c　　B. d　　C. e　　D. f

答案：C

解析：将 30 除以 16 取余，余数为十进制 14，转为十六进制是 e 或 E，所以答案是 C。

考题 2 判断题

将十进制数转换成十六进制数后，它的位数一定会变短。（　　）

答案：错误

解析：10 以内的十进制数转为十六进制数，位数不变，所以答案是错误。

12.7 二进制与十六进制

12.7.1 知识点详解

将二进制整数转化为十六进制数的方法：从低位开始 4 位 1 组，逐组转换（如果位数不够，左边补 0 凑足）。

例如：$(101110111110111)_2=(5DF7)_{16}$

```
二进制数    0101  1101  1111  0111
十六进制数   5     D     F     7
```

将十六进制数转化为二进制数的方法：逐位肢解，1 位数转为 4 位二进制数（如果最左边有 0，省略不写）。

例如：$(5DF7)_{16}=(101110111110111)_2$

```
十六进制数   5     D     F     7
二进制数    0101  1101  1111  0111
```

合并 4 组 4 位二进制数，把最左边的 0 省略不写，得到 101110111110111。

Python 中的转换函数：hex() 函数将二进制整数转换为十六进制数字符串，要求参数必须为整数；bin() 函数将十六进制数转换为二进制数。

例如：

```
>>> hex(0b101110111110111)
'0x5df7'
>>> bin(0x5df7)
'0b101110111110111'
```

12.7.2 易错点

（1）hex() 函数将二进制整数转换为十六进制数，二进制数不必加引号。

（2）bin() 函数将十六进制数转换为二进制数，十六进制数不必加引号。

12.7.3 模拟考题

考题 1 单选题

下列关于表达式的计算结果，不正确的是（　　）。

A. hex(int('11',2)) 的结果是 '0x3'

B. hex(0b11110111) 的结果是 '0xf7'

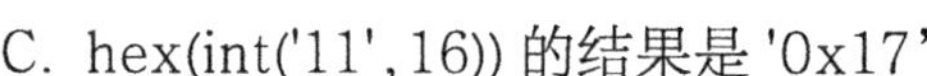
C. hex(int('11',16)) 的结果是 '0x17'

D. bin(0xf7) 的结果是 '0b11110111'

答案：C

解析：C 选项正确的结果应该是 '0x11'。

考题 2 判断题

二进制数 11110011 转化为十六进制数为 F3。（　　）

答案：正确

解析：二进制整数转化为十六进制数，从低位开始 4 位 1 组，逐组转换。

第 13 课　数据处理

13.1 学习要点

一维及二维数据的相关知识：表示、存储、格式化、读入文件、写入文件、提取数据、CSV 文件的操作、添加数据。

13.2 对标内容

掌握一维数据的表示和读写方法，能够编写程序处理一维数据。掌握二维数据的表示和读写方法，能够编写程序处理二维数据。掌握 CSV 格式文件的读写方法。

13.3 情景导入

一份班级期中考试成绩表，就是一个二维数据。

Python 是强大的数据处理工具，最基础的数据文件有一维数据、二维数据、CSV 格式数据文件。

一维数据：由对等关系的有序或无序数据组成，采用线性方式组成。

二维数据：由多个一维数据构成，是一维数据的组合形式。

CSV（Comma-Separated Values）格式数据文件：国际通用的一二维数据存储格式，扩展名一般为 .csv，每行存储一个一维数据，采用逗号分隔，无空行。Excel 和一般文字编辑软件都可以读入或保存 CSV 文件。

下面，我们来讲解以上 3 种数据文件的概念、使用场景、读写操作。

13.4 一维数据

13.4.1 知识点详解

一维数据由对等关系的有序或无序数据构成，采用线性方式组织，对应数学中的数组的概念。

一维数据具有线性特点。

任何表现为序列或集合的对象都可以看作一维数据。

在 Python 中，一维数据主要采用列表形式表示。

```
c=['北京','上海','广州','深圳']   #数据用列表变量c表示
print(c)                          #关注元素类型
```

一维数据的存储：

- ◆ 采用空格分隔元素；
- ◆ 采用逗号分隔元素（常用，CSV 格式）；
- ◆ 采用换行分隔元素；
- ◆ 采用其他特殊符号（比如；）分隔元素。

CSV 格式就是采用逗号分隔值，它是一种通用的、相对简单的文件格式，广泛应用，Excel、记事本等大部分编辑器支持直接读入或保存 CSV 格式文件。CSV 文件的扩展名为 .csv。

将列表对象输出为 CSV 格式文件，示例如下。

```
c=['北京','上海','广州','深圳']
f=open('city.csv','w')
f.write(','.join(c)+'\n')
f.close()
```

在上述 Python 程序的同目录下，如果存在 city.csv 文件，执行上述程序，将覆盖 city.csv 文件（如果想非覆盖，将 'w' 改为 'a' 即可）；如果不存在 city.csv 文件，执行上述程序后，将产生一个 city.csv 文件，内容如图 13-1 所示。

文件(F) 编辑(E) 格式(O) 查看(V)
北京,上海,广州,深圳

图13-1 city.csv文件的内容

使用 with 语句打开文件，处理结束后会自动关闭被打开的文件。上述代码用 with 语句改写如下。

```
c=['北京','上海','广州','深圳']
with open('city.csv','w') as f:
    f.write(','.join(c)+'\n')
```

从 CSV 格式文件中读出数据，表示为列表对象，示例如下。

```
f=open('city.csv','r')
c=f.read().strip().split(',')
f.close()
print(c)
```

上述代码用 with 语句改写如下。

```
with open('city.csv','r') as f:
    c=f.read().strip().split(',')
print(c)
```

13.4.2 易错点

（1）一维数据的概念掌握不清晰，导致送分题答题错误率较高。

（2）要理解清楚上述两段代码每一行的含义。

13.4.3 模拟考题

考题 1 单选题

有如下程序：

```
ls=['武汉','温州','香港','重庆']
f=open('city.csv','w')
f.write(','.join(ls)+'\n')
f.close()
```

下列说法正确的是（　　）。

A. 有可能抛出错误

B. 将输出字符串

C. 当前程序的功能是将 CSV 文件表示为列表对象

D. 当前程序的功能是将列表对象输出到 CSV 文件

答案：D

解析：当前程序的功能是将列表对象写到 city.csv 文件中，所以选 D。

考题 2 判断题

在 Python 中，为了确保列表中每个写入 CSV 文件中的数据，在电子表格软件中打开时都作为一个单元格存在，可以使用 file.write(','.join(name)+'\n') 语句（file 为文件变量名）。（ ）

答案：正确

解析：数据以“，”合并成字符串，字符串末尾加换行符。

13.5 二维数据

13.5.1 知识点详解

二维数据由多个一维数据构成，是一维数据的组合形式，可以用二维列表表示。列表的每个元素对应二维数据的一行，这个元素本身也是列表。

二维数据一般采用相同的数据类型存储数据。

二维数据的表示：

```
c=[
    ['张三','95','98','78','65'],
    ['李四','85','89','68','93'],
    ['王五','99','89','86','90'],
  ]
```

二维数据用 CSV 格式存储。CSV 文件的每一行是一维数据，整个 CSV 文件是一个二维数据，如图 13-2 所示。

```
cj.csv - 记事本
文件(F) 编辑(E) 格式(O) 查看(V) 帮助(H)
张三,95,98,78,65
李四,85,89,68,93
王五,99,89,86,90
```

图13-2 用CSV格式存储的二维数据

将列表对象输出为 CSV 格式，示例如下。

```
c=[
    ['张三','95','98','78','65'],
    ['李四','85','89','68','93'],
    ['王五','99','89','86','90'],
```

```
    ]
f=open('cj.csv','w')
for i in c:
    f.write(','.join(i)+'\n')
f.close()
```

在上述 Python 程序的同目录下，如果存在 cj.csv 文件，运行上述程序后，将覆盖 cj.csv 文件；如果不存在 cj.csv 文件，运行上述程序后，将产生一个 cj.csv 文件，内容如图 13-2 所示。

从 CSV 格式文件读出数据，表示为列表对象，示例如下。

```
f=open('cj.csv','r')
c=[]
for i in f:
    c.append(i.strip('\n').split(','))
f.close()
print(c)
```

```
=====
[['张三', '95', '98', '78', '65'], [
'李四', '85', '89', '68', '93'], ['
王五', '99', '89', '86', '90']]
>>>
```

13.5.2 易错点

（1）如果对二维数据的概念掌握不清晰，会导致送分题答题错误率较高。

（2）要理解上述两段代码每一行的含义。

13.5.3 模拟考题

考题 1 单选题

要对二维列表所有的数据进行格式化输出，打印成表格形状，程序段如下：

```
ls = [['金京',89],[ '吴树海',80],[ '王津津',90]]
for row in range(len(ls)):
    for column in range(len(ls[row])):
        print(_______,end="\t")
    print()
```

画线处的代码应该为（　　）。

A. ls[row][column]　　　B. ls[row]

C. ls[column]　　　　　D. ls[column][row]

答案：A

解析：根据二维数据的切片可得答案。

考题 2 编程题

请读取 1 班和 2 班语文学科的成绩文件 score.csv 的数据，数据内容如下图所示。

班级	语文成绩
1	90
2	56
1	96
2	78
2	99
1	67
2	89
1	77
1	65
2	60

下列代码实现了读取数据并分别统计 1 班和 2 班语文成绩的和，请你补全代码。

```
import csv
with open("____①____") as f:
    rows = list(csv.reader(f))
    sum1 = 0
    sum2 = 0
    for row in rows[1:]:
        if int(____②____) == 1:
            sum1 += int(row[1])
        else:
            sum2 += int(row[1])
    print(____③____)
```

参考答案：

①score.csv（1 分）

② row[0]（2 分）

③sum1,sum2（1 分）

13.6 简单的文件读写

13.6.1 知识点详解

1. 将数据存储于本地CSV文件

方法 1：单行写入

```
with open('xxxx.csv','w',newline='') as f:
    writer = csv.writer(f)    # 创建初始化写入对象
    writer.writerow(['color','red'])    # 一行一行写入
```

在 Windows 里保存的 CSV 文件是每空一行存储一条数据，使用 newline='' 可保证存储的数据没有空行。

方法 2：多行写入

```
with open('xxxx.csv','w') as f:
    writer = csv.writer(f)
    writer.writerows([('color','red'),('size','big'),('male','fema
le')])    # 多行写入
```

2. read()函数的使用

从文件“C:\test.txt”中读取数据，文件内容如图 13-3 所示。

test.txt - 记事本
文件(F) 编辑(E) 格式(O) 查看(V) 帮助(H)
hello python! h ello world!

图13-3 “C:\test.txt”的内容

（1）

```
>>> f=open(r"d:\test.txt",'r')
>>> s=f.read()   # 从文件指针所在的位置，读到文件结尾
>>> s
'hello python!\nhello world!\n'
>>> f.close()
```

（2）

```
>>> f=open(r"d:\test.txt",'r')
```

```
>>> s1=f.read(15)  # 从文件指针所在的位置开始读 15 个字节
>>> s2=f.read()  # 从文件指针所在的位置读到文件结尾
>>> f.close()
>>> s1
'hello python!\nh'
>>> s2
'ello world!\n'
>>> print( s1,s2)
hello python!
hello world!
```

（3）

```
>>> f=open(r"d:\test.txt",'r')
>>> s1=f.read()  # 读取文件中的所有内容，返回一个字符串
>>> s2=f.read()  # 读取到了 0 个字节，因为文件指针已经读到文件尾部
>>> f.close()
>>> s1
'hello python!\nhello world!\n'
>>> s2
''
```

3. read()与readline()、readlines()的区别

read() 每次读取整个文件，它通常将读取到的文件内容放到一个字符串变量中，也就是说 read() 生成的文件内容是一个字符串。

readline() 每次只读取文件的一行，通常也是将读取到的一行内容放到一个字符串变量中，返回 str 类型数据。

readlines() 每次按行读取整个文件内容，将读取到的内容放到一个列表中，返回 list 类型数据。

4. reader()函数的使用

导入模块 csv 之后，我们将 CSV 文件打开，并将结果文件对象存储在 f 中。然后，调用 csv.reader()，将前面存储的文件对象作为实参传递给它，从而创建一个与该文件相关联的阅读器（reader）对象，等待进一步处理，如下例所示。

```
import csv
with open("score.csv") as f:
    rows = list(csv.reader(f))
```

5. write()函数的使用

write() 函数的参数是一个字符串，分以下两种情况。

（1）通过 write() 函数向文件中写入一行数据。

```
>>> f=open(r"d:\test.txt",'w')
>>> f.write('hello,world!\n')  # 写入的字符串在末尾包含一个换行符
>>> f.close()
```

运行程序，结果如图 13-4 所示。

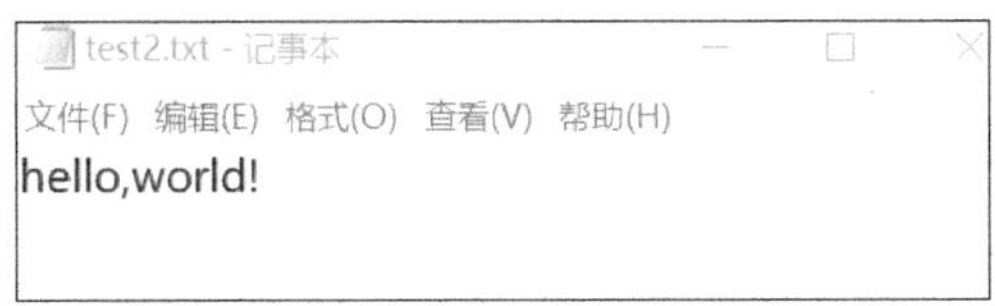

图13-4　通过write()函数向文件中写入一行数据

（2）通过 write() 函数向文件中写入多行数据。

```
>>> f=open(r"C:\test.txt",'w')
>>> f.write('hello python!\nhello world!\n')  # 写入的字符串包含多个换行符
>>> f.close()
```

运行程序，结果如图 13-5 所示。

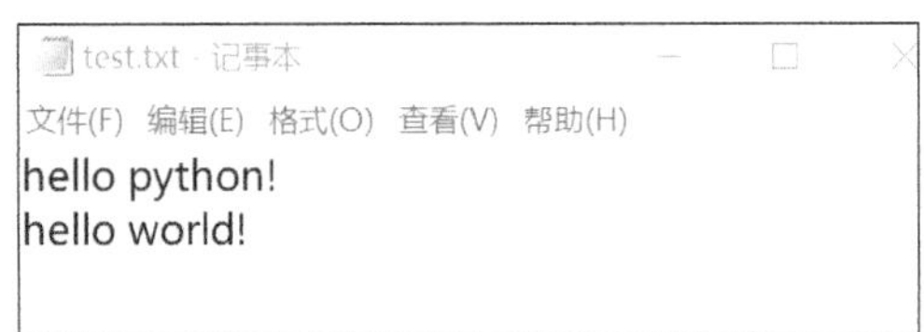

图13-5　通过write()函数向文件中写入多行数据

6. write()和writelines()的区别

write() 需要传入一个字符串作为参数，否则会报错；writelines() 既可以传入字符串，也可以传入一个字符序列，并将该字符序列写入文件。

13.6.2 易错点

（1）注意对比下列函数或方法的用法与区别：open()、write()、writelines()、writer()、writerow()、writerows()、read()、reader()。

（2）注意对比下列函数或方法的用法与区别：read()、reader()。

13.6.3 模拟考题

考题 1 判断题

在 Python 中，可以使用下面的代码读取文件中的数据到列表。（　　）

```
file = open('score.csv','r')
name = file.read().strip('\n').split(',')
file.close()
```

答案：正确

解析：这是在考核 read() 函数的用法。

考题 2 编程题

请读取文件 plant.csv 中的数据，数据内容如下图所示。

植物编号	生长情况
A32	5
A09	5
A17	9
A43	6
A06	3
B02	10
B05	5
B19	5
B22	7
C08	9
C17	8
C11	6
C36	4

下列代码实现了读取“植物编号”和“生长情况”信息，输出“生长情况”达到 6 的数量，请你补全代码。

```
import csv
with open("plant.csv") as f:
    rows = list(____①____(f))
    s=0
    for row in rows[1:]:
        if(_____②_____>= 6):
            s=s + 1
print(s)
```

参考答案：

① csv.reader（2 分）

② int(row[1]) 或等效答案（2 分）

解析：这是在考核 reader() 函数的用法。

第 14 课　异常处理

14.1 学习要点

会使用 try…except…进行异常处理。

14.2 对标内容

理解程序的异常处理：try…except…结构语句。

14.3 情景导入

我们在使用 Python 语言写代码时，难免会弄出一些错误语句，而初学 Python 的青少年朋友往往不知道是哪里出了错，或者不知道自己错在哪里。要找出是哪行代码出错、错误的类型是什么、错在哪个细节，逐步分析，从而改正错误，那就要引入“Python 的异常处理”。

异常就是程序运行过程中出现的错误或遇到的意外情况。错误的类型有语法错误、运行错误、逻辑错误。出错的理由通常是输入错误、下标越界、类型错误、操作不当等。

14.4 try…except…格式

Python 程序一般对输入有一定的要求，但当实际输入不满足程序要求时，可能会产生运行错误。为了保证程序运行的稳定性，此类运行错误可以被

Python 程序捕获并合理控制。

14.4.1 知识点详解

语法规则：

```
try:
    <语句块 1>
except:
    <语句块 2>
```

当碰到错误语句，try 代码块的剩余代码将会被忽略，except 代码块的代码将被执行，如下例所示。

```
try:
    a=8/0
    print(a)
except:
    print('除数为 0 的错误！ ')
```

运行结果：

```
'除数为 0 的错误！ '
```

14.4.2 易错点

（1）当碰到错误语句，try 代码块的剩余代码将会被忽略。

（2）“except”容易拼写错误。

14.4.3 模拟考题

考题 1 单选题

关于 Python 异常处理的作用，描述不正确的是（　　）。

A. 当程序输入错误时，可以让程序继续运行

B. 异常处理能够弥补程序的漏洞，让程序在任何情况下都不会终止运行

C. 当 try 语句中有错误时，不再执行 try 中剩余的代码

D. 当 try 语句中没有错误时，执行完 try 中剩余的代码就不再执行 except 语句

答案：B

解析：异常处理只能让程序在有些情况下不会终止运行，所以选 B。

考题 2 判断题

异常处理结构中，try 程序段中的每一个运行错误语句，都要转移到 except 程序段中，执行异常处理语句。（　　）

答案：错误

解析：有的错误情况还是会抛出错误提示。

14.5 try…except…except…格式

14.5.1 知识点详解

语法规则：

```
try:
    <语句块 1>
except:
    <语句块 2>
except:
    <语句块 3>
except:
    <语句块 4>
```

当碰到错误语句，try 代码块的剩余代码将会被忽略。根据错误的具体情况，选择 except 代码块的代码执行，如下例所示。

```
try:
    a=int(input('输入一个数'))
    b=int(input('输入另一个数'))
    m=a/b
    print('商是',m)
except ValueError:
    print('输入的不是数字！')
except ZeroDivisionError:
    print('除数为 0！')
except :
    print('其他错误！')
```

当输入的 a、b 都是数字，且 b 非 0 时，输出正常的数值。

当输入的 a、b 中有非数字时，运行结果如下。

```
'输入的不是数字！'
```

当输入的 b 为 0 时，运行结果如下。

```
'除数为 0！'
```

除了上述 3 种情况，都会输出 '其他错误！'。

14.5.2 易错点

（1）要求识记关键字“ValueError”。

（2）要求识记关键字“ZeroDivisionError”。

14.5.3 模拟考题

考题 1 单选题

当发生异常时，下列描述不正确的是（　　）。

A. 可以执行 except 模块，让程序继续运行

B. 异常处理能够弥补程序的漏洞，让程序在有些情况下不会终止运行

C. 当 try 语句中没有错误时，不再执行 except 中剩余的代码

D. 我们需要为每一个 try 模块设定且只能设定一个 except 模块

答案：D

解析：可以设定多个 except 模块，所以 D 不正确。

考题 2 判断题

重复执行同样一段 try…except…异常处理结构程序，except 程序段中的语句可能会被执行，也可能不会被执行。（　　）

答案：正确

解析：except 程序段中的语句可能会被执行，也可能不会被执行，所以答案正确。

 14.6 try…except…else…finally…格式

14.6.1 知识点详解

语法规则：

```
try:
    <语句块 1>
```

```
except:
    <语句块 2>
else:
    <语句块 3>
finally:
    <语句块 4>
```

当碰到错误语句时，try 代码块的剩余代码将会被忽略，执行 except 语句块；当 try 语句块正确时，try 代码块执行完毕，执行 else 语句块；不管 try 代码块正确与否，finally 代码块均要执行，如下例所示。

```
try:
    a=int(input('输入一个数'))
    b=int(input('输入另一个数'))
    m=a/b
    print('商是', m)
except :
    print('错误！')
else:
    print('正确！')
finally:
    print('程序结束！')
```

当输入的 a、b 两个数都是数字，且 b 非 0 时，运行结果输出正常的数值，之后再执行 else 与 finally 两个代码块。

当 a、b 中有输入错误时，运行时不执行 try 剩余的代码，执行 except 与 finally 两个代码块。

总之，不管 try 语句有无错误，finally 代码块一定会被执行。

14.6.2 易错点

（1）这种异常处理格式容易与前面的两种异常处理格式混淆。

（2）finally 代码块一定会被执行。

14.6.3 模拟考题

考题 1 单选题

运行下列程序段时输入“yes”，则输出结果是（　　）。

```
try:
    x=eval(input())
    print(x)
except NameError:
    print("ok")
```

A. yes　　B. ok　　C. 无法运行　　D. 3

答案：B

解析：由于输入的对象类型错误，“yes”无法与 eval() 函数匹配，故转去执行 print("ok")。

考题 2 判断题

在 Python 中，执行下面代码，无论输入什么数据，最后一行都会输出“程序结束”。（　　）

```
try:
    a=eval(input())
    b=eval(input())
    print(a/b)
except NameError:
    print("错误 2")
except ZeroDivisionError:
    print("错误 1")
finally:
    print("程序结束")
```

答案：正确

解析：finally 语句一定会被执行。

第 15 课 算法

15.1 学习要点

解析、枚举、排序、查找等算法。

15.2 对标内容

理解算法的概念，掌握解析、枚举、排序、查找算法的特征。能够用这些算法实现简单的 Python 程序。

15.3 算法与算法的表示

15.3.1 知识点详解

1. 使用计算机解决问题的一般过程

使用计算机解决问题，一般分为 3 个阶段。

（1）分析问题，建立模型

在解决问题前，要对问题有清晰的分析和描述。描述的问题必须具备 3 个特征：①指明定义问题范畴的所有假设；②清晰地说明已知的信息；③说明何时解决问题，并根据分析情况构建数学模型。

（2）设计算法

确定怎样让计算机做（用什么应用软件来解决）或让计算机怎样做（自己动

手设计程序）。

（3）实现算法及检验结果

用计算机运行设计好的算法程序解决问题，并对结果进行检测、分析和验证。

一个程序由如下两部分组成。

（1）指令部分：指令是对计算机操作类型和操作数地址做出规定的一组符号。指令部分由一系列的指令组成，每条指令指定了要求计算机执行的一个操作。由适当的指令构成的序列，描述了解决这个问题的计算过程。

（2）数据部分：计算所需的原始数据、计算的中间结果或最终结果。

设计一个程序时，需要考虑以下问题。

（1）数据的存储：计算所需要的原始数据，需要存储在不同的变量中。

（2）计算的过程：首先必须确定解决问题的方法，接着要把该方法步骤化，并用计算机能执行的指令来实现对应的步骤。

思考题

（1）小杨同学在做研究性学习的课题中收集了很多数据，她想编写一个简单的计算机程序来统计、分析这些数据，则实现这一过程的一般步骤为（　　）。

A. 分析问题、设计算法、编写程序、调试运行程序

B. 编写程序、分析问题、设计算法、调试运行程序

C. 编写程序、调试运行程序、分析问题、设计算法

D. 设计算法、调试运行程序、编写程序、分析问题

答案：A

（2）下列是用计算机解决“计算圆周率”问题的几个步骤。

①编制计算机程序，用计算机进行处理。

②分析问题，确定计算机解题任务为“计算圆周率”。

③构建数学模型，设计算法。

正确的顺序是（　　）。

A. ①②③　　B. ③①②　　C. ②①③　　D. ②③①

答案：D

2. 算法及算法的表示方法

1）算法的概念

算法就是对解题方法的精确而完整的描述，即解决问题的方法和步骤。除了

有“计算”的问题外，日常生活中解决问题也经常要用到算法。

2）算法的特征

（1）有穷性：执行步骤是有限的。

（2）确定性：每个步骤的含义应是确切的。

（3）可行性：每个步骤是可行的，并且能在有限的时间内完成。

（4）有 0 个或多个输入：初始数据可从外界输入，也可含于算法之中。

（5）有一个或多个输出：算法一定要有结果且以一定方式输出。

3）算法的 3 种表示方法

（1）自然语言：自然语言是指人们在日常生活中使用的语言，用自然语言描述的算法通俗易懂，但缺乏直观性和简洁性，容易产生歧义。

单选题

计算圆面积的算法描述如下。

①输入圆半径 r。

②计算圆面积 S（计算公式为 $S = \pi r^2$）。

③输出结果。

④结束。

上述描述算法的方法属于（　　）。

A. 流程图　　B. 伪代码　　C. 自然语言　　D. 机器语言

（2）流程图：流程图也称程序框图，它是算法的一种图形化的表示方法，与自然语言相比，它描述的算法形象、直观，更容易理解。

最常用的流程图构件有以下几种，一个完整的流程图如图 15-1 所示。

处理框（▭）：框中须指出要处理的内容，该框有一个输入和一个输出。

输入 / 输出框（▱）：用来表示数据的输入或计算结果的输出。

判断框（◇）：用来表示分支情况，有一个输入，一个以上输出。

连接框（○）：用来连接画不下而中断的流程线。

流程线（→）：用来指出流程控制方向，即动作次序。

起始框（⬭）：用来表示程序的开始和结束。

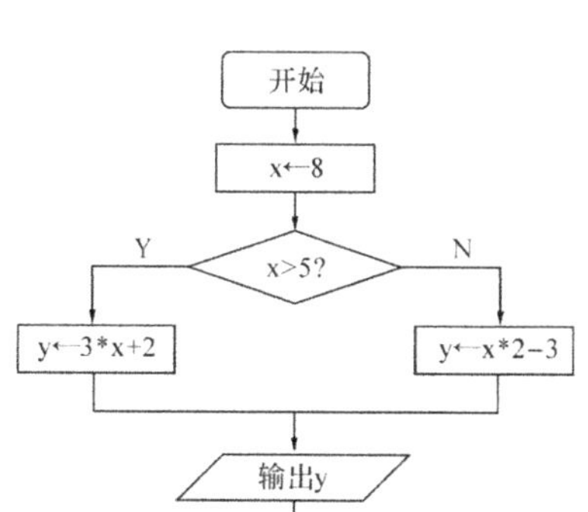

图15-1　流程图

（3）程序设计语言

4）算法的 3 种基本结构

（1）顺序结构：在算法执行流程中，执行完一个处理步骤后，依次序执行下一个步骤，如图 15-2 所示。

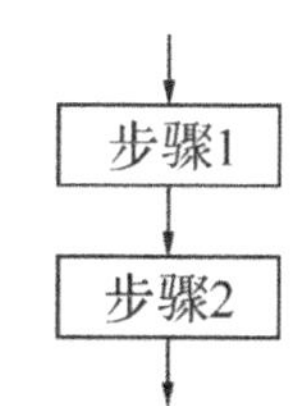

图15-2　顺序结构

（2）选择结构：也称分支结构或判断结构。在算法执行过程中，对某个情况 e 进行判断，当结果为真时，执行 Y（Yes，是）指向流程线下的步骤 1，否则执行 N（No，否）指向流程线下的步骤 2，如图 15-3 所示。

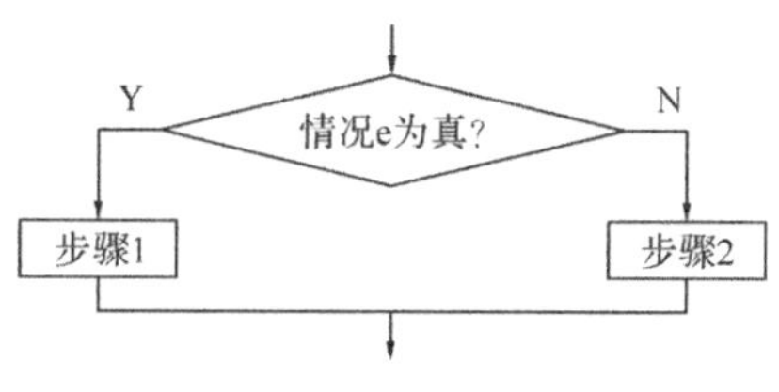

图15-3　选择结构

（3）循环结构：在算法执行流程中，对某个情况 e 进行判断，当结果为真时，执行 Y 指向流程线下的步骤 1；然后再次判断情况 e，如果结果还为真，则再次执行步骤 1，并继续判断情况 e；重复上述过程，直到判断的结果为假，执行 N 指向流程线下的其他语句，如图 15-4 所示。

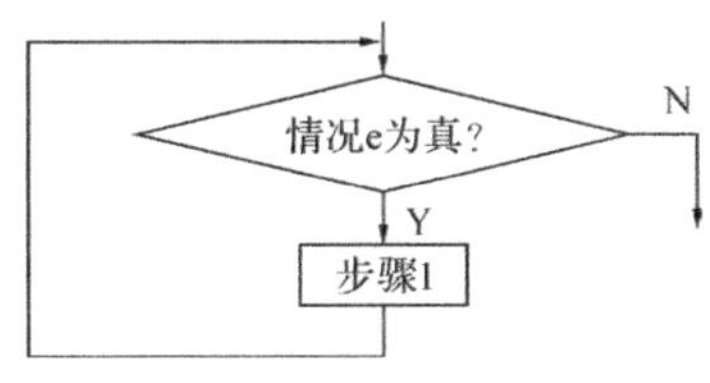

图15-4 循环结构

15.3.2 易错点

（1）在流程图中容易混淆分支结构与循环结构。

（2）经常会考算法的定义与特征，判断题容易做错。

15.3.3 模拟考题

考题 1 单选题

以下关于算法的描述错误的是（　　）。

A. 算法必须要在有限的步骤内完成

B. 算法每个步骤的含义必须是确切的

C. 算法必须有输入，但可以没有输出

D. 算法可以没有输入，但必须有输出

答案：C

解析：根据算法的定义，算法必须有输出，所以选 C。

考题 2 判断题

使用计算机解决问题的一般过程是：设计算法、调试运行程序、编写程序、分析问题。（　　）

答案：错误

解析：要理解使用计算机解决问题的一般过程，首先要分析问题，建立模型；然后设计算法；接着实现算法（编写程序）及检验结果（调试运行程序），题目中把顺序弄错了。

15.4 解析算法

15.4.1 问题引入

用基姆拉尔森公式计算某天是星期几。

```
W=(D+2*M+3*(M+1)/5+Y+Y/4-Y/100+Y/400) mod 7
```

Y 表示年，是 4 位数，如 2022；M 表示月，D 表示日。

注意：（1）该公式中要把 1 月和 2 月分别当成上一年的 13 月和 14 月处理。例如：2022 年 1 月 4 日要换成 2021 年 13 月 4 日代入公式。（2）该式的运算结果与星期几的对应关系为，0 代表星期日，1 代表星期一……6 代表星期六。

15.4.2 知识点详解

1. 解析算法的概念

（1）解析：用数学公式描述客观事物间的数量关系。

（2）解析算法：用解析的方法找出表示问题的前提条件与结果之间关系的数学表达式，并通过表达式的计算来实现问题的求解。

例如：计算以速度 v 作匀速直线运动的一个物体，在 t 秒内经过的距离 s，则可通过公式 $s = vt$ 得到。

2. 解析算法的程序实现

（1）建立正确的数学模型（得出正确的数学计算式）。

（2）将数学表达式转换为 Python 表达式。

用 Python 编制解析算法程序时，必须保证计算过程描述的正确性。特别是把数学表达式转换成 Python 表达式时，必须注意这种转换的正确性，否则容易发生运算结果错误或运行过程出错的情况。

思考题

（1）计算长方体体积的算法描述如下。

① 输入长方体的长（z）、宽（w）、高（h）。

② 计算长方形体积 $v = zwh$。

③ 输出结果。

④ 结束。

上述算法属于（　　）。

A. 枚举算法　　B. 排序算法　　C. 解析算法　　D. 递归算法

（2）下列问题适合用解析算法求解的是（　　）。

A. 将 13 张纸牌按从小到大进行排列

B. 统计 100 以内各位数字之和恰好为 10 的偶数的个数

C. 计算一辆车行驶 100 千米的油耗

D. 寻找本年级身高最高的同学

（3）有如下问题：

①已知圆锥体的半径 r 和高度 h，使用公式 $V = \pi r^2 h$ 求出此圆锥体的体积。

②已知班级中每位同学的期中考试成绩总分为 s，按照 s 的值从大到小的顺序进行成绩排名。

③已知圆的周长 s，利用公式 $r = s/(2\pi)$ 求半径 r。

属于解析算法的选项是（　　）。

A. ①②　　B. ①③　　C. ③④　　D. ②④

（4）出租车计价规则：3 千米以内，收费 10 元；超出 3 千米，每千米多收 2 元。假定千米数为 x，收费金额为 y。解决此问题的公式和流程图如下图所示。

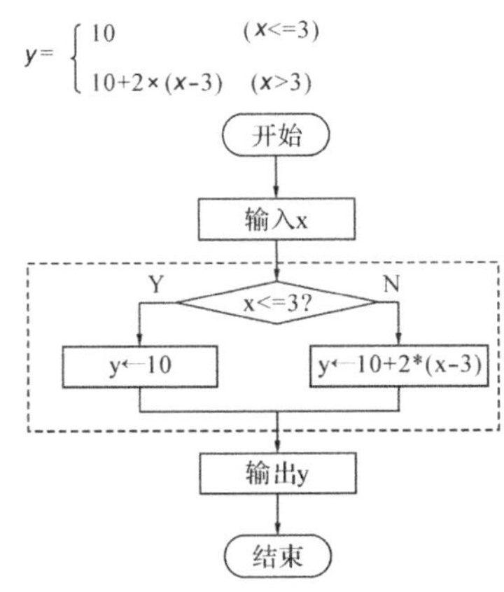

流程图加框处部分的算法属于（　　）。

A. 解析算法　　B. 排序算法　　C. 枚举算法　　D. 递归算法

例题

某书店出租图书的费用标准如下：借书一天内，收费 2 元；借书超过一天的，超过部分按每天 0.8 元收取。最后费用按四舍五入折算成整数。程序算法如下图所示。

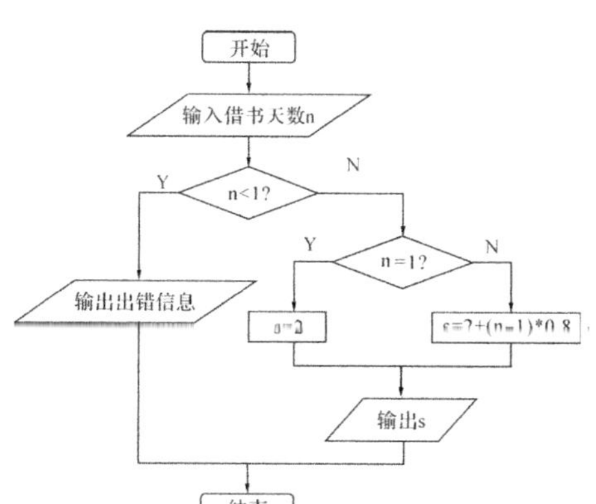


```
n=eval(input('输入借书天数:'))
if not n<1:
    if n==1:
        s=2
    else:
        s=2+(n-1)*0.8
    print('费用(元):',round(s))
else:
    print('输入有误! ')
```

15.4.3 易错点

(1)将数学表达式转为 Python 表达式时，可能会把运算符、运算顺序写错。

(2)要留意分支结构的解析算法。

15.4.4 模拟考题

考题 1 选择题

问题如下图所示，用计算机解决该问题，比较适合使用(　)。

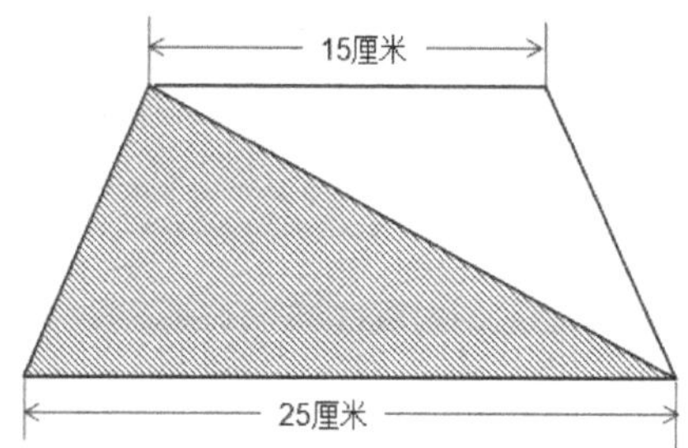

A. 排序算法　　B. 枚举算法　　C. 解析算法　　D. 查找算法

答案：C

解析：用数学公式解决问题属于解析算法的概念。

考题 2 判断题

质数是指在大于 1 的自然数中，除了 1 和它本身以外，不再有其他因数的自然数。小明想编程求出 1~2000 质数的个数，他应该采用解析算法。（ ）

答案：错误

解析：不好用数学公式计算质数的个数，得用枚举算法解决问题，从 1 到 2000，一个一个进行判断。

15.5 枚举算法

15.5.1 问题引入

模糊单据：一张单据上有一个 5 位数的编号，其百位数和十位数处已经变得模糊不清，如图 15-5 所示。但是知道这个 5 位数是 37 或 67 的倍数。请你编写程序，找出所有满足条件的 5 位数，并统计这些 5 位数的个数。

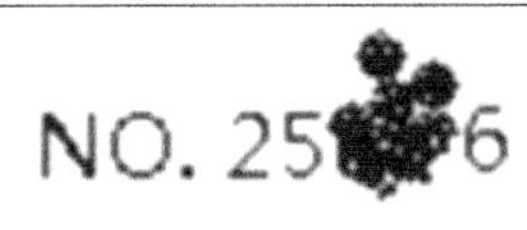

图15-5 模糊单据

15.5.2 知识点详解

1. 枚举算法的概念

枚举算法又叫穷举算法，其基本思想是把问题所有的解一一地罗列出来，并对每一个可能解进行判断，以确定这个可能解是否是问题的真正解。若是，就采纳这个解，否则就抛弃它。即使中途找到符合的解也要继续找下去，将所有可能都找完才结束。

2. 枚举算法的程序实现

（1）列举与检验过程既不重复也不遗漏。

（2）尽可能地使可能解的罗列范围最小，以提高解决问题的效率。

（3）用循环语句（for 语句）在一定范围内列举所有可能的解。

（4）用选择语句（if 语句）判断和选择真正的解。

枚举算法的一般格式：

```
循环结构:
    循环体内判断:
```

思考题

（1）用 50 元钱兑换面值为 1 元、2 元、5 元的纸币共 25 张。每种纸币不少于 1 张，问有多少种兑换方案。求解这个问题，最适合的算法是（　　）。

A. 排序算法　　B. 递归算法　　C. 枚举算法　　D. 解析算法

（2）如果一个自然数恰好等于它的因子之和，这个数就称为“完全数”。例如，6 就是一个“完全数”，因为 6 的因子为 1、2、3，而 6 = 1 + 2 + 3。设计一个算法找出 1000 以内所有的“完全数”，那么求解这个问题主要用到的算法是（　　）。

A. 递归算法　　B. 排序算法　　C. 解析算法　　D. 枚举算法

（3）下列问题适合使用枚举算法解决的是（　　）。

A. 计算本月的电费

B. 计算全班男同学的平均身高

C. 查找 100 以内所有能被 2 和 3 整除的整数

D. 200 米短跑比赛成绩排名

（4）用枚举算法求解“找出所有满足各位数字之和等于 7 的三位数”时，在下列所列举的数值范围内，算法执行效率最高的是（　　）。

A. 0~999　　B. 100~999　　C. 100~700　　D. 106~700

例题 1

陈丽忘记了支付宝的支付密码，她急需在 30 分钟内完成货款的支付，请用 Python 编程帮她找回密码。她零星记得自己的支付密码信息：

（1）密码是 6 位数字，前面两位为 85；

（2）最后两位数字相同；

（3）能被 13 和 33 整除。

参考代码

```
for i in range(10000):
```

```
    s=850000+i
    if s % 13==0 and s % 33==0:
        a=s%10
        b=s//10%10
        if a==b:
            print(s)
```

例题 2

有一盒乒乓球，9 个 9 个地数，最后余下 7 个；5 个 5 个地数，最后余下 2 个；4 个 4 个地数，最后余下 1 个。问这盒乒乓球至少有多少个？

参考代码 1

```
n=16
while True:
    if n%9==7 and n%5==2 and n%4==1:
        print(n)
        break
    n+=1
```

参考代码 2

```
n=16
while True:
    if n%5==2:
        break
    n=n+9
while True:
    if n%4==1:
        break
    n=n+45
print(n)
```

15.5.3 易错点

（1）要尽可能地使可能解的罗列范围最小，以提高解决问题的效率。

（2）列举与检验过程不能遗漏。

15.5.4 模拟考题

考题 1 编程题

明明请你帮忙寻找 100~999 的所有“水仙花数”，并统计个数。“水

仙花数”是指各位数字的立方和等于该数本身的 3 位数，例如 153=1×1×1+5×5×5+3×3×3。要求输出结果如下所示：

```
153
370
371
407
```

请编程实现上述功能，或补全代码。

```
for i in range(____①____):
    x=i
    a=x % 10
    x=____②____
    b=x % 10
    c=x // 10
    if (____③____):
        print(i)
```

评分标准：

① 100,1000 或等效答案（3 分）

② x//10 或等效答案（3 分）

③ a*a*a+b*b*b+c*c*c==i 或等效答案（4 分）

考题 2 编程题

把 1296 分拆成 a、b、c、d 这 4 个正整数，如果 a 加上 2，b 减去 2，c 乘以 2，d 除以 2，则 4 个结果相等。现在请你编写程序求出这 4 个数。

补全下面的代码。

```
for a in range(1, ____①____):
    b =____②____
    for c in range(1,1296-a-b):
        d = ____③____
        if (b-2==c*2) and (a+b+c+d== ____④____) :
            print(a,b,c,d)
```

评分标准：

① 1296（2 分）

② a+4（3 分）

③ c*4（3 分）

④ 1296（2 分）

15.6 冒泡排序

15.6.1 知识点详解

1. 冒泡排序的概念

冒泡排序是在一列数据中把较大（或较小）的数据逐次向右推移的一种排序技术。冒泡排序是最简单的排序方法，分为内外两层循环。外层循序代表的是总共要跑的遍数，2 个数据比较一遍。3 个数据比较两遍，以此类推，n 个数据就跑 $n-1$ 遍。内层循环真正比较数据大小，每次比较都会将大的数据放到后面（以升序为例）。

冒泡排序过程容易理解，每一遍加工都是将本遍最大（或最小）的数据移动至本遍的右端位置。每个数如同水中的气泡一样，小的气泡上升，被排到最上面；而大的气泡被依次排在下面，这样的过程我们比喻成“冒泡”。冒泡排序有多种变式。

2. 冒泡排序的基本思想（以升序为例）

依次比较相邻的两个数，将小数放在前面，大数放在后面。

第一遍从第 1 个元素开始，让它和第 2 个元素进行比较，若出现反序（大数在前，小数在后）则交换；然后让第 2 个元素和第 3 个元素进行比较，若出现反序则交换；依次类推，直到比较完最后一对元素为止。第一遍排序结束时，最后一个元素为所有元素中的最大值。

接下来进行第二遍排序。从第 1 个元素开始，让它和第 2 个元素进行比较，若出现反序则交换；然后让第 2 个元素和第 3 个元素进行比较，若出现反序则交换；依次类推，直到比较完最后一对元素（即倒数第二对数）为止。这样，倒数第二个数为第二大的数。

……

n 个数排序共需进行 $n-1$ 遍。

实例模拟：

5 8 4 3 7

5 8 4 3 7　将 5 和 8 比较，不交换位置。

5 4 8 3 7　将 8 和 4 比较，交换位置。

5 4 3 8 7　将 8 和 3 比较，交换位置。

5 4 3 7 8　将 8 和 7 比较，交换位置，8 被调到了末尾。

3. 冒泡程序框架（伪代码）

```
for i   (0 ~ n-1)          # 共进行 n-1 遍排序
    for j   (0 ~ n-1-i)    # 第 i 遍排序
        if 数据对反序，则：
            交换数据对
```

4. 冒泡程序程序的实现（升序）

```
a=[1,3,2,5,8,7,6]
count = len(a)
for i in range(0, count-1):
    for j in range(0, count-1-i):
        if a[j] > a[j+1]:
            a[j], a[j+1] = a[j+1], a[j]
print(a)
```

运行结果：

```
[1,2,3,5,6,7,8]
```

若要将列表中的元素降序排序，该如何修改程序？

只需将代码：

```
if a[j] > a[j+1]:
```

修改为：

```
if a[j] < a[j+1]:
```

思考题

（1）某书店在 5 所学校的流动售书量（单位为本）分别是 80、125、64、68、46。采用冒泡排序对其进行升序排序，完成第二遍时的结果是（　　）。

（2）有一组原始数据：23、25、18、63、84、77、65、9、33、17。利用冒泡排序算法进行从小到大排序，最多需要进行（　　）次加工，才可以完成整个数据的排序。

A. 5　　B. 6　　C. 8　　D. 9

15.6.2 易错点

（1）理解冒泡排序的算法原理。

（2）交换元素的本质就是变换索引号。

15.6.3 模拟考题

考题 1 选择题

主持人大赛的成绩排名，可以采用的算法是（　　）。

A. 解析算法　　B. 枚举算法　　C. 排序算法　　D. 查找算法

答案：C

解析：成绩排名问题符合用排序算法解决的问题特征。

考题 2 编程题

在一列表中产生 n（n>=10）个小于 50 的整数，删除其重复数据并按照升序排序输出，同时输出删除数据个数。

例如输入：n=10

随机产生 a=[1,2,3,7,4,7,3,8,5,7]

输出：a=[1,2,3,4,5,7,8]

输出：共删除数据为 3 个

请编写程序实现上述功能，或补全代码。

```
import random
maxn = int(input("请输入要产生的数据个数："))
____①____
for i in range (maxn):
    a.append(random.randrange(1,50,1))
print("原始数据：")
print(a)
key,n=0,maxn
while key<n:
    i=n-1
    while ____②____:
        i=i-1
```

```
    if i==key:
        key=key+1
    else:
        a.remove(____③____)
        n=n-1
for i in range(n):
    for j in range(len(a)-1, i, -1):
        if  a[j]< a[j-1] :
            a[j],a[j-1] =____④____
print("去重后排序数据: ")
print(a)
print("共删除数据: ",____⑤____,"个")
```

评分标准：

① a=[ ]（3 分）

② a[i]!=a[key]（4 分）

③ a[i]（3 分）

④ a[j−1],a[j]（3 分）

⑤ maxn−n（3 分）

15.7 选择排序

15.7.1 知识点详解

1. 选择排序的概念

选择排序算法是对冒泡排序算法的改进。这种方法是在参加排序的所有元素中找出数值最小（或最大）的元素，如果它不是左侧第一个元素，就使它与左侧第一个元素中数据相互交换位置；然后在余下的元素中找出数值最小（或最大）的元素，如果它不是左侧第二个元素，就与左侧第二个元素中的数据交换位置；以此类推，直到所有元素成为一个有序的序列。

选择排序算法符合人们日常的排序习惯。

对于有 n 个元素的数列，用选择算法进行排序时，比较次数与冒泡排序算法相同，但交换的次数比冒泡排序要少，因此它具有更高的效率。

2. 选择排序的基本思想（以升序为例）

n 个数排序共需进行 $n-1$ 遍。

第一遍从第 1 个元素到第 n 个元素中找出一个最小的元素，如果它不是第 1 个元素，就让它和第 1 个元素交换位置。第一遍排序结束时，第 1 个元素为所有元素中的最小值。

接下来进行第二遍排序。从第 2 个元素到第 n 个元素中找出一个最小的元素，如果它不是第 2 个元素，就让它和第 2 个元素交换位置。

第 i 遍排序开始时，设第 i 个位置上的数是当前最小数，用 k 来标记。让 k 位置上的数(d[k])与 i 后面的数 (d[j]) 逐个比较，当找到一个比 k 位置上小的数(即 d[k]>d[j])，用 k 记录 j 的值（k=j）。当 j 到达最后一个数时，一遍比较结束，则 k 指向最小的数，即 k 记录的是最小数的位置。当 i 不等于 k 时，交换 d[i] 与 d[k] 的值。

3. 选择排序算法的算法实现

选择排序的程序同样采用双重循环嵌套来实现，外循环用来控制第几遍加工，内循环用来控制进行排序元素的下标变化范围。每一遍加工结束，都需要用一个变量来存储这一遍加工中所找出的最小（或最大）的数据的下标。

选择排序程序框架（伪代码）：

```
for i   (0 ~ n-1)          # 共进行 n-1 遍排序
    k=i
    for j   (i+1 ~ n )     # 第 i 遍排序
        if 找到一个比 k 位置上的元素的值小的元素，则：
            用 k 记录 j 的位置
    if i!=k ，则：
        交换 i 和 k 位置的数据
```

4. 选择排序程序实现（升序）

```
a=[3,4,1,2,0,9,10]
count = len(a)
for i in range(0, count-1):
    k = i
    for j in range(i + 1, count):
        if a[k] > a[j]:
            k = j
```

```
    if k!=i:
        a[k], a[i] = a[i], a[k]
print(a)
```

运行结果：

```
[0, 1, 2, 3, 4, 9, 10]
```

若要将列表中的元素以降序排序，该如何修改程序？

只需将代码：

```
if a[K] > a[j]:
```

修改为：

```
if a[k] < a[j]:
```

思考题

（1）用选择排序算法对一组学生的身高数据进行升序排序，已知第一遍排序结束后的数据序列为 166、169、177、175、172，则下列选项中可能是原始数据序列的是（　　）。

A. 175、177、169、166、172　　B. 177、169、166、175、172

C. 166、177、169、175、172　　D. 166、169、172、175、177

（2）某校通过招投标中心采购一套多媒体教学设备，有 5 家单位参加竞标，竞标价分别为 18 万元、17 万元、23 万元、15 万元、16 万元。若采用选择排序算法对标价从高到低排序，需要进行数据互换的次数是（　　）。

A. 1　　B. 3　　C. 4　　D. 5

（3）下列关于排序的说法，错误的是（　　）。

A. 相对而言，选择排序算法的效率比冒泡排序算法的效率高

B. 冒泡排序算法和选择排序算法都需要用到双循环结构

C. 对于 n 个无序数据，不管是冒泡排序还是选择排序，都要经过 $n-1$ 遍加工

D. 冒泡排序算法的程序实现一般要用到数组变量 k，而选择排序则不需要

15.7.2 易错点

1. 对变量 k 的理解很重要。

2. 与冒泡排序的优劣对比。

15.7.3 模拟考题

考题 1 单选题

现在一组初始记录无序的数据“7，9，3，2，5”使用选择排序算法，按从小到大的顺序排列，则第一轮排序的结果为（　　）。

A. 7，9，2，3，5　　B. 2，9，3，7，5

C. 2，7，9，3，5　　D. 2，3，5，7，9

答案：B

解析：本题考核对选择排序的概念与算法的理解，第一轮找出最小值 2，与第一个数据 7 交换，其余数据位置不变。

考题 2 单选题

列表 l=[9,2,8,6,3,4]，采用选择排序进行升序排序，第二遍排序之后的结果是（　　）。

A. [2,3,8,6,9,4]　　B. [2,8,6,3,4,9]

C. [2,6,3,4,8,9]　　D. [2,3,4,6,8,9]

答案：A

解析：第一遍的结果是 [2,9,8,6,3,4]，第二遍的结果是 [2,3,8,6,9,4]。

15.8 插入排序

15.8.1 知识点详解

1. 插入排序的概念

插入排序的过程：先将待排序数列中的第 1 个数据看成一个有序的子数列，然后从第 2 个数据起，将数据依次（从大到小或从小到大）逐个地插入这个有序的子数列中，以此类推到最后一个数据。这很像玩扑克牌时一边抓牌一边理牌的过程，抓一张牌就把它插到应有的位置。

2. 插入排序的基本思想

先将列表中的头两个元素按顺序排列（比如升序）。

接着，每次将一个待排序的元素，按其大小插入前面已经排好序的元素序列中，使序列依然有序，直到所有待排序元素全部插入完成。

例如待排数据为：5 3 5 2 8

待排序元素	a[0]	a[1]	a[2]	a[3]	a[4]
	5	3	5	2	8

第 1 次插入（只要将第 2 个元素与第 1 个元素比较）：

（1）先将要插入的数 a[1] 放入一个空的变量 key；

（2）将 key 与前面已经排好序的元素比较，key<a[0] 成立，说明 key 要插到 a[0] 前面，将 a[0] 后移一个位置，放到 a[1] 中；

（3）将 key 放入 a[0] 中。

待排序元素	a[0]	a[1]	a[2]	a[3]	a[4]
	3	5	5	2	8

第 2 次插入（将第 3 个数插入前面已排好的有 2 个元素的序列）：

（1）先将要插入的数 a[2] 放入一个空的变量 key；

（2）将 key 与前面已经排好序的元素比较，key<a[1] 不成立，说明 key 要插到 a[1] 后面，即 a[2] 中；

（3）将 key 放入 a[2] 中。

待排序元素	a[0]	a[1]	a[2]	a[3]	a[4]
	3	5	5	2	8

第 3 次插入（将第 4 个元素插入前面已排好的有 3 个元素的序列）：

（1）先将要插入的数 a[3] 放入一个空的变量 key；

（2）将 key 与前面已经排好序的序列比较，key<a[2] 成立，说明 key 要插到 a[2] 前面，将 a[2] 后移一个位置，放到 a[3] 中；

（3）再比较前一个数，key<a[1] 成立，说明 key 要插到 a[1] 前面，将 a[1] 后移一个位置，放到 a[2] 中；

（4）再比较前一个数，key<a[0] 成立，说明 key 要插到 a[0] 前面，将 a[0] 后移一个位置，放到 a[1] 中；

（5）将 key 放入 a[0] 中。

3. 插入排序程序框架（升序）

```
a=[5,3,5,2,8]
```

```
count = len(a)
for i in range(1, count):
    key = a[i]
    j = i - 1
    while j >= 0 and a[j] > key:
        a[j + 1] = a[j]
        j -= 1
    a[j+1] = key
print(a)
```

运行结果：

```
[2, 3, 5, 5, 8]
```

15.8.2 易错点

（1）要理解插入排序的算法原理。

（2）要记忆基础代码。

15.8.3 模拟考题

考题 1 单选题

设一组初始记录关键字序列为 [5,2,6,3,7]，利用插入排序算法进行升序排序，则第二次插入排序的结果为（　　）。

A. [5,2,3,6,7]　　B. [2,5,3,6,7]

C. [2,5,6,3,7]　　D. [2,3,5,6,7]

答案：C

解析：第一次插入排序的结果为 [2,5,6,3,7]；第二次插入排序的结果为 [2,5,6,3,7]。

考题 2 编程题

对于列表对象 a=[5,3,5,2,8]，用插入排序算法进行升序排序，部分代码如下，请补全代码。

```
a=[5,3,5,2,8]
______①______
for i in range(1, count):
    key =____②____
    j = i - 1
```

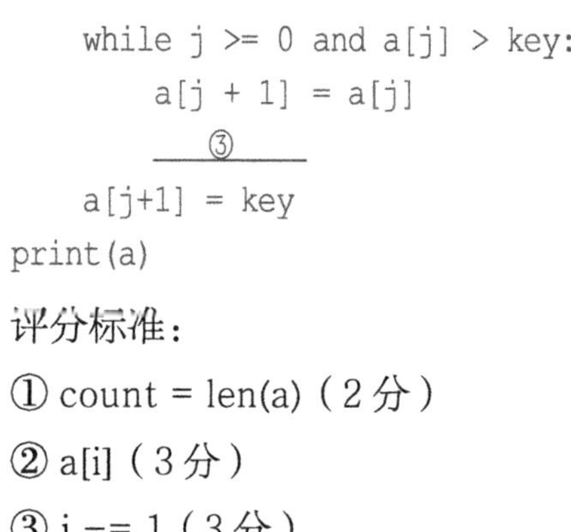

```
    while j >= 0 and a[j] > key:
        a[j + 1] = a[j]
        ___③___
    a[j+1] = key
print(a)
```

评分标准：

① count = len(a)（2 分）

② a[i]（3 分）

③ j -= 1（3 分）

15.9 顺序查找

15.9.1 知识点详解

1. 顺序查找的概念

生活中，顺序查找的例子有很多，比如要从相册中从头开始翻阅查找一张已知的照片。查找算法是程序中经常用到的算法。假定要从 n 个元素中查找值 x 是否存在，最原始的方法是从头到尾依次查找，这种查找的方法就叫顺序查找。

查找是一种查询数据的技术，其目标是能以比较少的步骤或在较短时间内找到所需的对象。程序将按照查找的结果（找到或未找到）来决定接着应执行的步骤。我们主要掌握顺序查找与对分查找算法。

顺序查找的基本思想是从第一个数据开始，按顺序逐个将数据与给定的数据（查找键）进行比较，若某个数据和查找键相等，则查找成功，输出所查数据的位置；反之，输出未找到。

2. 顺序查找的处理过程

假定列表 a 中有 n 个数据，查找键已经存储在变量 key 中。其处理过程是：从列表 a 的第 1 个元素 a[0] 开始，依次判断各元素的值是否与查找键 key 相等，若某个元素 a[i] 的值等于 key，则找到了指定的数据，结束处理；若找遍了所有的 n 个元素，无任何元素的值等于 key，则结束处理，输出未找到信息。

3. 顺序查找的程序实现

在列表中查找元素 26。

```
lst = [32, 17, 56, 25, 26, 89, 65, 12]
key = 26        # 要查找的元素
b = -1          # 要查找元素的索引
m= len(lst)   # 列表长度
for i in range(0, m):
    if lst[i] == key:
        b = i
        break
if b == -1:         #-1 代表元素未查找到
    print("要查找的元素 [" + str(key) + "] 不在列表 lst 中。")
else:
    print("要查找的元素 [" + str(key) + "] 的索引是：" + str(b))
```

思考题

（1）为找自己第一次上幼儿园时的照片，小张同学依次翻开自己的多本相册来逐张查找。这种查找方法为（　　）。

A. 无序查找　　B. 顺序查找　　C. 对分查找　　D. 随机查找

（2）在 23、41、54、26、84、52、65、21 中查找数字 52，采用从后往前的顺序查找，需要查找的次数是（　　）。

A. 2 次　　B. 3 次　　C. 7 次　　D. 1 次

15.9.2 易错点

（1）顺序查找算法与枚举算法的相似处与不同处。

（2）顺序查找程序的实现。

15.9.3 模拟考题

考题 1 单选题

对于 n 个元素，利用顺序查找算法，最坏的情况是查找（　　）次才结束。

A. n　　B. $n/2$　　C. n^2　　D. $\log_2 n+1$

答案：A

解析：根据顺序查找的定义，最坏的情况要查找 n 次，也就是查找到最后一个元素才找到。

15.10 对分查找

15.10.1 问题引入

从 1~100 随机取一个数字，以最少的次数猜中这个数字，应该怎么做呢？如果从 1 开始以此往上猜，直到猜中数字，这是简单的顺序查找算法，每次猜测只能排除一个数字。如果从 50 开始猜，告诉你猜大了或者猜小了，这样每猜一次，都会将剩余的数字排除掉一半。不管取到哪个数字，你在 7 次之内都能够猜到，因为每次猜测都将排除很多数字！相比之下，第二种方法会更加省时，这种算法叫作对分查找算法，又称二分查找算法。

15.10.2 知识点详解

1. 对分查找的概念

对分查找又称二分查找，是一种高效的查找方法。对分查找的前提是，被查找的数据序列是有序的（升序或降序）。

对分查找的基本思想是在有序的数列中，首先将要查找的数据与有序数列内处于中间位置的数据进行比较，如果两者相等，则查找成功；否则就根据数据的有序性，再确定该数据的范围应该在数列的前半部分还是后半部分；在新确定的缩小范围内，继续按上述方法进行查找，直到找到要查找的数据，即查找成功；如果要查找的数据不存在，即查找不成功。

2. 对分查找的处理过程

若 key 为查找键，列表 a 存放 *n* 个已按升序排序的元素。在使用对分查找时，把查找范围 [i，j] 的中间位置上的数据 a[m] 与查找键 key 进行比较，结果必然是如下 3 种情况之一.

（1）若 key<a[m]，查找键小于中点 a[m] 处的数据。由 a 中的数据的递增性可以确定：在 (m，j) 内不可能存在值为 key 的数据，必须在新的范围 (i，m−1) 中继续查找。

（2）若 key = a[m]，找到了需要的数据。

（3）若 key>a[m]，必须在新的范围 (m + 1，j) 中继续查找。

这样，除了出现情况（2），在通过一次比较后，新的查找范围将不超过上次查找范围的一半。

中间位置数据 a[m] 的下标 m 的计算方法是：m = (i + j)//2 或 m = int((i + j)/2)

3. 对分查找的程序实现

（1）由于比较次数难以确定，所以用 while 语句来实现循环。

（2）在 while 循环体中用 if 语句来判断查找是否成功。

（3）若查找成功则输出查找结果，并用 break 语句结束循环。

（4）若查找不成功，则判断查找键在数组的左半区间还是右半区间，从而缩小范围，继续查找。

我们假设有一个列表 lst = [12，17，23，25，26，35，47，68，76，88，96]，要查找元素 key=25，则其对分查找的程序如下。

```
lst = [12, 17, 23, 25, 26, 35, 47, 68, 76, 88, 96]
key = 25
n = len(lst)
i, j = 0, n - 1
b = -1
while i <= j:
    m = (i + j) // 2
    if key == lst[m]:
        b = m           # 找到了要找的数，赋值给 b
        break           # 找到 key，退出循环
    elif key > lst[m]:
        i = m + 1
    else:
        j= m - 1
if b == -1:             #-1 代表元素未查找到
    print("要查找的元素 [" + str(key) + "] 不在列表 lst 中。")
else:
    print("要查找的元素 [" + str(key) + "] 的索引是：" + str(b))
```

4. 对分查找的查找次数估算

对元素规模为 n 的列表进行对分查找时，无论是否找到，至多进行 $\log_2 n$ 次

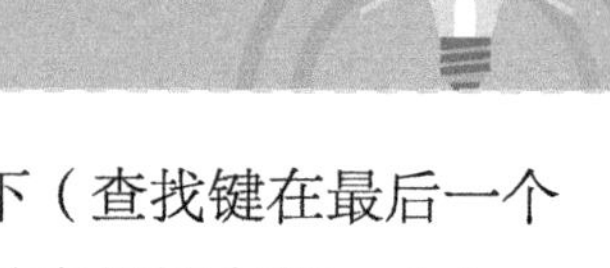

查找就能得到结果；而使用顺序查找算法，在最坏的情况下（查找键在最后一个或没找到），需要进行 n 次查找，最好的情况是 1 次查找（查找键在第一个），平均查找次数是 $\frac{n+1}{2}$ 。

思考题

（1）下列有关查找的说法，正确的是（　　）。

A. 顺序查找时，被查找的数据必须有序

B. 对分查找时，被查找的数据不一定有序

C. 顺序查找总能找到要查找的关键字

D. 一般情况下，对分查找的效率较高

（2）某列表有 7 个元素，依次为 19、28、30、35、39、42、48。若采用对分查找算法在该列表中查找元素 48，需要查找的次数是（　　）。

A. 1　　B. 2　　C. 3　　D. 4

15.10.3 易错点

（1）对分查找算法中查找区间的形成。

（2）对于分治思想的理解。

15.10.4 模拟考题

考题 1 单选题

对于 n 个元素，利用对分查找算法，最坏的情况是查找（　　）次才结束。

A. n　　B. $n/2$　　C. n^2　　D. $\log_2 n$

答案：D

考题 2 编程题

科技小组分 2 个小队搜集到西红柿生长的数据信息。2 个小队将数据进行了从小到大排序：a=[1,3,4,6,7,13,17,21]，b=[2,5,6,8,10,12,14,16,18]。请将这 2 个小队的数据进行合并，生成为一个从小到大有序的列表。

输入：

```
1,3,4,6,7,13,17,21
2,5,6,8,10,12,14,16,18
```

输出：

[1,2,3,4,5,6,6,7,8,10,12,13,14,16,17,18,21]

请编写程序实现上述功能，或补全代码。

```
x = input()
s = x.split(',')
a=[]
for i in range(____①____):
    a.append(int(s[i]))
y = input()
s = y.__②__
b=[]
for i in range(len(s)):
    b.append(int(s[i]))
ret = []
i=j = 0
while len(a) >= i + 1 and __③__:
    if a[i] <= b[j]:
        __④__
        i += 1
    else:
        ret.append(b[j])
        j += 1
if len(a) > i:
    ret += a[i:]
if len(b) > j:
    ____⑤____
print(ret)
```

评分标准：

① len(s) 或等效答案（3 分）

② split(',') 或等效答案（3 分）

③ len(b) >= j + 1 或等效答案（3 分）

④ ret.append(a[i]) 或等效答案（3 分）

⑤ ret += b[j:] 或等效答案（4 分）

第 16 课　核心函数

16.1 学习要点

至少掌握 69 个常用函数中的大多数最常用函数，包含数学运算函数（7 个）：abs、divmod、max、min、pow、round、sum；类型转换函数（15 个）：bool、int、float、str、ord、chr、bin、hex、tuple、list、dict、set、enumerate、range、object；序列操作函数（6 个）：all、any、filter、map、next、sorted；对象操作函数（6 个）：help、dir、type、ascii、format、vars；交互操作函数（2 个）：print、input；文件操作函数（1 个）：open。

16.2 对标内容

记住常用核心内置函数的功能及用法。

16.3 数学运算函数

16.3.1 知识点详解

1. abs(x)

该函数返回数字的绝对值。

参数 x 为数值表达式。

函数返回 x（数字）的绝对值。

例如：

```
>>> abs(3.9)
3.9
>>> abs(-3.9)
3.9
```

2. divmod(a,b)

该函数把除数和余数运算结果结合起来，返回一个包含商和余数的元组 (a//b，a%b)。

参数 a 为数字，b 为数字。

例如：

```
>>>divmod(7, 2)
(3, 1)
```

16.3.2 易错点

（1）divmod() 函数返回的是商和余数组成的元组，不是列表。

（2）余数的符号由第二个参数的符号决定，如下所示。

```
>>> divmod(-7,2)
(-4, 1)
>>> divmod(7,-2)
(-4, -1)
>>> divmod(-7,-2)
(3, -1)
```

16.3.3 模拟考题

考题 1 单选题

关于 abs() 函数，描述不正确的是（　　）。

A. abs() 函数的功能是取整数的绝对值

B. abs() 函数的功能是取实数的绝对值

C. abs() 函数的功能是取一个数的绝对值

D. 负数的绝对值是正数

正确答案：A

解析：本题考核对 abs() 函数的理解。

考题 2 判断题

divmod() 函数的返回值是一个包含商和余数的列表。（　　）

答案：错误

解析：divmod() 函数的返回值是一个包含商和余数的元组。

16.4 类型转换函数

16.4.1 知识点详解

1. bool()

用于将给定参数转换为布尔类型，如果没有参数，则返回 False。

以下展示了使用 bool() 函数的实例。

```
>>>bool()
False
>>> bool(0)
False
>>> bool(1)
True
>>> bool(2)
True
```

2. ord("字符串")

该函数的返回值类型为 int，返回参数所对应的 ASCII 码值，如下例所示。ASCII 码表如表 16-1 所示。

```
>>> ord("0")
48
```

表 16-1 ASCII 码表

十进制	十六进制	字符 / 缩写	解释	十进制	十六进制	字符 / 缩写	解释
0	00	NUL	空字符	30	1E	RS	记录分离符
1	01	SOH	标题开始	31	1F	US	单元分隔符
2	02	STX	正文开始	32	20	(Space)	空格
3	03	ETX	正文结束	33	21	!	
4	04	EOT	传输结束	34	22	"	
5	05	ENQ	请求	35	23	#	
6	06	ACK	回应 / 响应 / 收到通知	36	24	$	
7	07	BEL	响铃	37	25	%	
8	08	BS	退格	38	26	&	
9	09	HT	水平制表符	39	27	'	
10	0A	LF/NL	换行键	40	28	(	
11	0B	VT	垂直制表符	41	29	)	
12	0C	FF/NP	换页键	42	2A	*	
13	0D	CR	回车键	43	2B	+	
14	0E	SO	不用切换	44	2C	,	
15	0F	SI	启用切换	45	2D	-	
16	10	DLE	数据链路转义	46	2E	.	
17	11	DC1/XON	设备控制 1/传输开始	47	2F	/	
18	12	DC2	设备控制 2	48	30	0	
19	13	DC3/XOFF	设备控制 3/传输中断	49	31	1	
20	14	DC4	设备控制 4	50	32	2	
21	15	NAK	无响应 / 非正常响应 / 拒绝接收	51	33	3	
22	16	SYN	同步空闲	52	34	4	
23	17	ETB	传输块结束 / 块传输终止	53	35	5	
24	18	CAN	取消	54	36	6	
25	19	EM	已到介质末端 / 介质存储已满 / 介质中断	55	37	7	
26	1A	SUB	替补 / 替换	56	38	8	
27	1B	ESC	逃离 / 取消	57	39	9	
28	1C	FS	文件分割符	58	3A	:	
29	1D	GS	组分隔符 / 分组符	59	3B	;	

续表

十进制	十六进制	字符 / 缩写	解释
60	3C	<	
61	3D	=	
62	3E	>	
63	3F	?	
64	40	@	
65	41	A	
66	42	B	
67	43	C	
68	44	D	
69	45	E	
70	46	F	
71	47	G	
72	48	H	
73	49	I	
74	4A	J	
75	4B	K	
76	4C	L	
77	4D	M	
78	4E	N	
79	4F	O	
80	50	P	
81	51	Q	
82	52	R	
83	53	S	
84	54	T	
85	55	U	
86	56	V	
87	57	W	
88	58	X	
89	59	Y	
90	5A	Z	
91	5B	[	
92	5C	\	
93	5D	]	
94	5E	^	
95	5F	_	
96	60	`	
97	61	a	
98	62	b	
99	63	c	
100	64	d	
101	65	e	
102	66	f	
103	67	g	
104	68	h	
105	69	i	
106	6A	j	
107	6B	k	
108	6C	l	
109	6D	m	
110	6E	n	
111	6F	o	
112	70	p	
113	71	q	
114	72	r	
115	73	s	
116	74	t	
117	75	u	
118	76	v	
119	77	w	
120	78	x	
121	79	y	
122	7A	z	
123	7B	{	
124	7C	|	
125	7D	}	
126	7E	~	
127	7F	DEL	删除

3. chr(数值表达式)

该函数的返回值类型为字符串，其数值表达式取值范围为 0~255，返回参数所对应的 ASCII 码字符串，如下例所示。

```
>>> print(chr(78))
N
```

4. set()

该函数创建一个无序不重复元素集，可进行关系测试，删除重复数据，还可以计算交集、差集、并集等。

以下实例展示了 set() 函数的使用方法。

```
>>> x = set('runoob')
>>> y = set('google')
>>> x, y
({'r', 'b', 'n', 'o', 'u'}, {'l', 'g', 'o', 'e'})   # 重复的元素被删除
>>> x & y          # 交集
{'o'}
>>> x | y          # 并集
{'r', 'b', 'l', 'n', 'g', 'o', 'u', 'e'}
>>> x - y          # 差集
{'n', 'r', 'b', 'u'}
```

5. enumerate()

该函数用于将一个可遍历的数据对象（如列表、元组或字符串）组合为一个索引序列，同时列出数据和数据下标，一般用在 for 循环中。

普通的 for 循环如下所示。

```
>>>l=[78,98,69,85]
>>> for i in l:
>>>     print(i)
78
98
69
85
```

使用 enumerate() 函数的 for 循环如下所示。

```
>>>l=[78,98,69,85]
>>> for a,i in enumerate(l):
```

```
>>>         print( a, i)
0 78
1 98
2 69
3 85
```

6. object()

object 类是 Python 中所有类的基类，如果定义一个类时没有指定继承哪个类，则默认继承 object 类。object() 函数无参数，返回一个新的无特征对象。

```
>>> object()
<object object at 0x00000174C47F5D00>
```

16.4.2 易错点

（1）bool() 函数的参数与返回值的记忆问题。

（2）set() 函数的简单运算。

16.4.3 模拟考题

考题 1 判断题

bool()、bool(None)、bool('')、bool(['']) 这 5 个表达式输出的结果都是 False。(　　)

答案：错误

解析：bool(['']) 列表参数中有一个字符串元素。

考题 2 判断题

在 Python 中，执行 print(ord('a')+12) 语句，能够得到一个数字结果。(　　)

答案：正确

解析：ord('a') 的结果是数字，再加 12 仍旧是数字。

 16.5 序列操作函数

16.5.1 知识点详解

1. all()

该函数用于判断给定的可迭代参数中的所有元素是否都为 True，如果是则返回 True，否则返回 False。

元素除了值是 0、空、None、False 外都算 True。

以下展示了使用 all() 函数的实例。

```
>>> all(['a', 'b', 'c', 'd'])  # 列表中的元素都不为空或 0
True
>>> all(['a', 'b', '', 'd'])   # 列表中存在一个空元素
False
>>> all([0, 1, 2, 3])          # 列表中存在一个值为 0 的元素
False
>>> all(('a', 'b', 'c', 'd'))  # 元组中的元素都不为空或 0
True
>>> all(('a', 'b', '', 'd'))   # 元组中存在一个空元素
False
>>> all((0, 1, 2, 3))          # 元组中存在一个值为 0 的元素
False
>>> all([])                    # 空列表
True
>>> all(())                    # 空元组
True
```

2. any()

该函数用于判断给定的可迭代参数 iterable 是否全部为 False，是则返回 False，否则返回 True。

元素除了值是 0、空、False 外都算 True。

```
>>>any(['a', 'b', 'c', 'd'])   # 列表中的元素都不为空或 0
True
>>> any(['a', 'b', '', 'd'])   # 列表中存在一个为空的元素
True
```

```
>>> any([0, '', False])        # 列表中的元素全为 0、空、False
False
>>> any(('a', 'b', 'c', 'd'))  # 元组中的元素都不为空或 0
True
>>> any(('a', 'b', '', 'd'))   # 元组中存在一个空元素
True
>>> any((0, '', False))        # 元组中的元素全为 0、空、False
False
>>> any([])                    # 空列表
False
>>> any(())                    # 空元组
False
```

3. filter()

该函数用于过滤序列，过滤掉不符合条件的元素，返回一个迭代器对象。如果要将结果转换为列表，可以使用 list() 函数来转换。

该函数接收两个参数，第一个为函数，第二个为序列，序列的每个元素作为参数传递给函数进行判断，然后返回 True 或 False，最后将返回 True 的元素放到新列表中。

filter() 函数的实例：过滤出列表中的所有奇数。

```
def jishu(n):
    return n % 2 == 1
newlist = filter(jishu, [1, 2, 3, 4, 5, 6, 7, 8, 9, 10])
n=list(newlist)
print(n)
```

运行结果：

```
[1, 3, 5, 7, 9]
```

4. map(function,iterable,…)

map() 是 Python 的内置函数，会根据提供的函数对指定的序列做映射。

第一个参数接受一个函数名，后面的参数接受一个或多个可迭代的序列。

把函数依次作用在列表中的每一个元素上，得到一个新的列表并返回。注意，map() 函数不改变原列表，而是返回一个新列表，如下例所示。

```
def square(x):
    return x ** 2
```

```
l=list(map(square,[1,2,3,4,5]))
print(l)
```

运行结果：

```
[1,4,9,16,25]
```

通过使用 lambda 匿名函数的方法使用 map() 函数，如下例所示。

```
l=list(map(lambda x, y: x+y,[1,3,5,7,9],[2,4,6,8,10]))
print(l)
```

运算结果：

```
[3,7,11,15,19]
```

通过 lambda 函数使返回值是一个元组，如下例所示。

```
l=list(map(lambda x, y : (x**y,x+y),[2,4,6],[3,2,1]))
print(l)
```

运算结果：

```
[(8, 5), (16, 6), (6, 7)]
```

map() 函数还可以实现类型转换。

例 1 将元组转换为列表

```
l=list(map(int,(1,2,3)))
print(l)
```

运算结果：

```
[1,2,3]
```

例 2 将字符串转换为列表

```
l=list(map(int,'1234'))
print(l)
```

运算结果：

```
[1,2,3,4]
```

例 3 提取字典中的键，并将结果放在一个列表中

```
l=list(map(int,{1:2,2:3,3:4}))
print(l)
```

运算结果：

```
[1,2,3,]
```

16.5.2 易错点

（1）all() 与 any() 这两个函数的用法容易混淆。

（2）熟记 map() 函数的简单用法。

16.5.3 模拟考题

考题 1 单选题

以下表达式的值为 Fasle 的是（　　）。

A. all(())　　　　B. any ((0,1))

C. all ((0,))　　　　D. any(['a', 'b', '', 'd'])

答案：C

解析：本题考核 all() 与 any() 这两个函数的用法。

考题 2 判断题

在 Python 中，函数 all([ ]) 将返回 False。（　　）

答案：错误

解析：空列表返回 True。

 16.6 对象操作函数

16.6.1 知识点详解

1. help()

该函数用于查看函数或模块用途的详细说明，返回对象为帮助信息。

以下实例展示了 help() 函数的使用方法。

```
>>>help('sys')              # 查看 sys 模块的帮助信息
……显示帮助信息……
>>>help('str')              # 查看 str 数据类型的帮助信息
……显示帮助信息……
>>>a = [1,2,3]
>>>help(a)                  # 查看列表的帮助信息
……显示帮助信息……
>>>help(a.append)           # 显示列表的 append 方法的帮助信息
……显示帮助信息……
```

2. dir([object])

参数 object 为对象、变量、类型。该函数不带参数时，返回当前范围内的变量、方法和定义的类型列表；带参数时，返回参数的属性、方法列表。如果参数包含方法 __dir__()，该方法将被调用。如果参数不包含 __dir__()，该方法将最大限度地收集参数信息。

```
>>>dir()    #获得当前模块的属性列表
>>>dir([ ])    #查看列表的方法
```

对 dir() 函数了解即可。

3. ascii()

该函数返回一个表示对象的字符串，如下例所示。

```
>>> ascii((1,2))
'(1, 2)'
>>> ascii([1,2])
'[1, 2]'
>>> ascii({1:2,'name':5})
"{1: 2, 'name': 5}"
>>> ascii('?')
"'?'"
>>> ascii(set([1,1,2,3]))
'{1, 2, 3}'
```

4. vars([object])

该函数返回对象 object 的属性和属性值的字典对象；如果没有参数，就打印当前调用位置的属性和属性值，如下例所示。

```
>>> a=2
>>> b=vars()
>>> b["a"]
2
```

对 vars() 函数了解即可。

16.6.2 易错点

（1）本节大多数内容了解即可。

（2）注意不要混淆 ascii() 函数与 ord() 函数的用法。

16.6.3 模拟考题

考题 1 单选题

ascii(chr(65)) 的值是（　　）。

A. 'A'　　B. 65　　C. "'A'"　　D. '65'

答案：C

解析：本题考核 ascii() 函数与 chr() 函数的用法。

考题 2 单选题

下列选项中具有查看函数或模块说明功能的函数是（　　）。

A. help() 函数　　B. ascii() 函数　　C. dir() 函数　　D. vars() 函数

答案：A

解析：本题考核对上述函数用法的了解。

全国青少年软件编程等级考试
Python 编程
四级

全国青少年软件编程等级考试 Python 编程四级标准

一、考试标准

（1）理解函数及过程、函数的参数、函数的返回值、变量作用域等概念。

（2）能够创建简单的自定义函数。

（3）理解算法以及算法性能、算法效率的概念，初步认识算法优化效率的方法。

（4）理解基本算法中递归的概念。

（5）掌握自定义函数的创建与调用，实现基本算法中的递归方法。

（6）掌握基本算法中由递归变递推的方法。

（7）理解基本算法中的分治算法，能够用分治算法实现简单的 Python 程序。

（8）掌握第三方库（模块）的功能、获取、安装、调用等。

二、考核目标

考核学生对函数概念的认识与相关操作，掌握自定义函数的创建与调用。学生要理解递归与递推、分治算法的思想，能够用递归与递推、分治算法编程解决生活中的问题，要理解算法性能、效率的概念及优化方法。掌握第三方库（模块）的功能、获取、安装与调用方法。

三、能力目标

通过本级考试的学生，能够利用函数与自定义函数优化程序结构，能够用递归与递推、分治算法编写程序与软件，能够调用 Python 的第三方库解决问题。

四、知识块

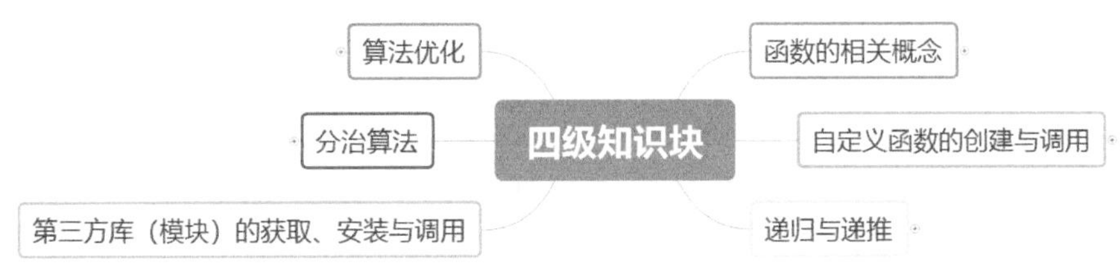

知识块思维导图（四级）

五、知识点描述

编号	知识块	知识点
1	函数的相关概念	理解函数及过程、函数的参数、匿名函数等概念
2	自定义函数的创建与调用	能够创建简单的自定义函数，了解函数体、函数的返回值、变量作用域的概念，掌握自定义函数的调用
3	递归与递推	通过自定义函数的调用，实现递归方法；掌握由递归变递推的方法
4	分治算法	理解基本算法中的分治算法，能够用分治算法实现简单的 Python 程序
5	算法优化	掌握算法以及算法性能、算法效率的概念，理解算法的时间复杂度与空间复杂度
6	第三方库(模块)的获取、安装与调用	理解模块化架构和包的管理，知道 pip 命令、集成安装方法和文件安装方法，掌握 import 和 from 方式

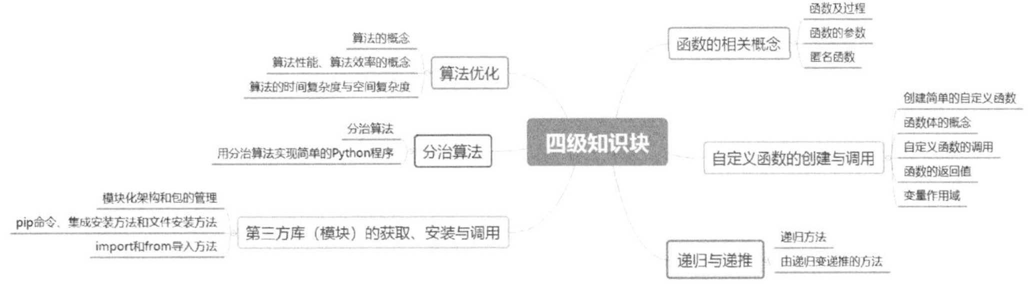

知识点思维导图（四级）

六、题型配比及分值

知识体系	单选题	判断题	编程题
函数的相关概念（22 分）	14 分	6 分	2 分
自定义函数的创建与调用（26 分）	12 分	4 分	10 分
递归与递推（26 分）	12 分	4 分	10 分
分治算法（16 分）	6 分	2 分	8 分
算法优化（4 分）	2 分	2 分	0 分
第三方库（模块）的获取、安装与调用（6 分）	4 分	2 分	0 分
分值	50 分	20 分	30 分
题数	25	10	3

第 17 课　函数的相关概念

17.1 学习要点

理解函数及过程、函数的参数、匿名函数等概念。

17.2 对标内容

理解函数及过程、函数的参数等概念。

17.3 函数的相关概念

17.3.1 知识点详解

1. 函数的意义

在写一段程序的时候，需要多次用到同样的功能，如果每次都要重复写相同的代码，不仅会增加代码量，而且阅读与修改极不方便。如果把实现相同功能的代码作为一个代码块封装在一起，形成一个函数，每次需要时调用这个函数，就很方便了！

定义函数的代码如下所示。

```
def user():  #def 关键字后面加函数名定义函数，定义以英文冒号结尾
    print("Hello World")   # 函数体，用来写该函数需要完成的功能的代码
user()       # 使用函数名 () 的方式调用函数
```

运行结果：

```
Hello World
```

向函数传递参数信息的代码如下所示。

```
def user(name):
    print("Hello World"+name)
user('zhangsan')
```

运行结果：

```
Hello Worldzhangsan
```

2. 形参和实参

从名字就可以看出，实参（实际参数）是一个实实在在存在的参数，是实际占用内存地址的；而形参（形式参数）只是意义上的一种参数，在定义时是不占用内存地址的。如在上面的例子中，name 就是一个形参，'zhangsan' 是在调用函数时传入的一个实参，它的值被存储在形参 name 中。

（1）位置实参

在调用函数时，必须将每个实参都关联到函数定义中的每一个形参，最简单的关联方式就是基于实参的位置（顺序）。

```
def f(x,y,z):       #首先在定义函数时传入 3 个形参 x、y、z
    print(x,y,z)
f(3,2,1)         #在调用该函数时，通过位置实参的方式，将实参映射到形参，一一对应，
即 x=3，y=2，z=1
```

运行结果：

```
3 2 1
```

需要注意，如果使用位置实参的方式传值，传入的实参个数必须与形参相同，否则运行程序会报错。

（2）关键字实参

关键字实参是通过“关键字 = 值”的方式传值，就不需要考虑函数调用过程中形参的顺序。同一个参数不能传两个值。

```
def f(x,y,z):
    print(x,y,z)
f(x=1,y=2,z=3)      #通过“关键字 = 值”的方式，将实参与形参关联映射，不需要考虑形
参的顺序，顺序也可以改变，即 y=2，z=3，x=1 ，运行的结果不会发生改变
```

运行结果：

```
1 2 3
```

（3）既有位置实参，又有关键字实参

```
def f(x,y,z):
    print(x,y,z)
f(1,y=2,z=3)        # 混用两种方式时，位置实参必须放在关键字实参之前，否则运行程序会报错，如 1，y=2，3 或者 y=2，1，3 都不可行
```

运行结果：

```
1 2 3
```

（4）默认值

定义函数时，也可以指定形参的默认值，如果在调用函数时给函数提供了实参，Python 将使用指定的实参值；否则将自动调用形参的默认值。因此，如果给形参指定了默认值，调用时可以不给它传值。使用默认值可以简化函数的调用。

```
def f(x,y=2):     # 定义函数时在这里给形参设置了默认值 y=2
    print(x,y)
f(1)   # 在调用此函数时，只传入了一个实参，y 的值就会使用默认值
```

运行结果：

```
1 2
```

还可以在调用时更改默认值，如下例所示。

```
def f(x,y=2):
    print(x,y)
f(1,3)  # 在调用该函数时，给设置了默认值的形参 y 再次赋值，运行结果会使用新传入的实参值
```

运行结果：

```
1 3
```

在使用形参默认值时需要注意：在形参列表中必须先列出没有默认值的形参，再列出有默认值的形参。这使得 Python 依然能够正确地解读位置实参。

在函数调用过程中，可以混合使用位置实参、关键字实参和默认值，但是一定要遵循其中相关的规则，否则会导致程序运行出错。当提供的实参多于或少于函数定义时所提供的形参时，程序会报错，如下例所示。

```
def f(x=2,y):
    print(x,y)
```

```
f(1)    #这种情况，程序是不允许运行的
```

（5）列表和字典

当不确定需要传入的值是多少时，在定义形参时，可以使用 *args（列表）、**kwargs（字典）来表示。

例 1

```
def f(*args,**kwargs):      #使用 *args 代表列表，使用 **kwargs 代表字典，这种形式可以在调用函数时传入多个实参
    print(args)
    print(kwargs)
f(*[1,2,3,4,5],**{"y":1})    #如果想让传入的值以列表或字典的形式显示出来，就需要在元素前加上 * 或 **
```

运行结果：

```
(1, 2, 3, 4, 5)
{'y': 1}
```

例 2

```
def f(*args,**kwargs):
    print(args)
    print(kwargs)
f([1,2,3,4,5],{"y":1})  #[1,2,3,4,5],{"y":1} 被传给 args
```

运行结果：

```
([1, 2, 3, 4, 5], {'y': 1})
{}
```

例 3

```
def f(*args,**kwargs):
    print(args)
    print(kwargs)
f(1,2,3,4,5,y=1)    #y=1 作为键值对被传给 kwargs
```

运行结果：

```
(1, 2, 3, 4, 5)
{'y': 1}
```

思考

函数的定义必须在主程序调用语句之前出现。

对于不带参数的函数，输入并运行以下代码。

```
def pr():
    print('**********')
pr()
print('welcome!')
pr()
```

对于带参数的函数，输入并运行以下代码。

```
def rt(a):
    for n in range(a):
        for m in range(n+1):
            print('*',end='')
        print()
while True:
    b=input('input Line:')
    if b=='0':
        break
    c=int(b)
    rt(c)
```

3. 匿名函数

匿名函数使用关键字 lambda，冒号之前的部分表示匿名函数的参数列表，冒号之后的部分表示匿名函数的返回值，但是请注意，这部分只能为表达式，不能为赋值语句，否则会出现“can't assign to lambda”错误。匿名函数不需要用 return 来返回值，表达式本身的结果就是返回值。在定义匿名函数时，需要将它直接赋值给一个变量，然后再像一般函数一样调用。

17.3.2 易错点

（1）函数的参数传递是本节重点，知识点容易混淆，要重点学习。

（2）函数的定义必须在主程序调用语句之前出现，这是由 Pyhton 是解释性语言的特性决定的。

17.3.3 模拟考题

考题 1 单选题

以下选项中，哪一个不属于函数的作用？（　　）

A. 提高代码的执行速度

B. 提高代码的重复利用率

C. 增强代码的可读性

D. 降低编程的复杂度

答案：A

解析：函数能够提高代码的重复利用率，增强代码的可读性，降低编程的复杂度，但提高代码的执行速度不是它的特点。

考题 2 单选题

关于计算圆面积的匿名函数的定义，以下哪一个语法格式是正确的？（ ）

A. lambda r:3.1415926*r*r

B. result=lambda r:3.1415926*r*r

C. lambda r,3.1415926*r*r

D. result=lambda r,3.1415926*r*r

答案：B

解析：关键字 lambda 表示匿名函数，冒号之前表示的是这个函数的参数，冒号之后表示的是返回值。定义匿名函数时，要将它赋值给一个变量。

考题 3 判断题

代码：

```
myFun=lambda a,b=2:a*b
print(myFun(4))
print(myFun(5,3))
```

运行结果为：

```
8
15  (  )
```

答案：正确

解析：本题考核匿名函数的定义、使用方法以及默认参数。本题中采用了两种方式来调用匿名函数 myFun，第一个 myFun(4) 只传入一个实参，a 被赋值为 4，b 就使用默认值 2，所以 myFun(4) 的结果是 4×2=8；第二个 myFun(5,3) 传入两个实参，a 被赋值为 5，b 的默认值 2 被替换为 3，所以 myFun(5,3) 的结果是 5×3=15。

第 18 课　自定义函数的创建与调用

18.1 学习要点

（1）能够创建简单的自定义函数。

（2）掌握自定义函数的调用方法。

（3）理解函数的返回值。

（4）理解变量作用域、全面变量与局部变量。

18.2 对标内容

（1）能够创建简单的自定义函数，掌握自定义函数的调用。

（2）理解函数的返回值、变量作用域等概念。

18.3 函数的返回值

18.3.1 知识点详解

1. 函数的返回值

函数不是直接显示输出的，它会处理一些数据并返回一个或一组值。函数用 return 语句将值返回调用函数的代码行，返回值能将程序大部分繁重的工作移交到函数中去完成，从而简化主程序。

下面是一个简单的程序，用于接收姓氏和名字，然后返回完整的人名信息。

```
def name(first_name,last_name):
    full_name=first_name+" "+last_name
    return full_name
print(name("zhang","san"))
```

运行结果：

```
zhang san
```

函数可以返回任何类型的值，包括字典、列表这样较复杂的数据结构。还是上面的例子，这次返回一个表示人的字典。

```
def name(first_name,last_name,):
    full_name={"first":first_name,"last":last_name}
    return full_name
print(name("zhangsan","lisi"))
```

运行结果：

```
{'first': 'zhangsan', 'last': 'lisi'}
```

2. 函数传递列表

传递列表在函数中很有用，列表中包含数字、名字甚至更复杂的对象，如下例所示。

```
def f(names):
    for i in names:
        print("Hello"+" "+i+"!!")
f(["zhangsan","lisi","wangwu"])
```

运行结果：

```
Hello zhangsan!!
Hello lisi!!
Hello wangwu!!
```

思考

（1）对于带返回值的函数，输入并运行以下代码。

```
def fact(n):
    factorial=1
    for counter in range(1,n+1):
        factorial *=counter
```

```
    return factorial
n=int(input('calculate n! Enter n=?'))
print(n,'!=',fact(n))
```

（2）对于带默认值的函数，输入并运行以下代码。

```
def rt1(a=3):
    for n in range(a):
        for m in range(n+1):
            print('*',end='')
        print()
rt1()
rt1(5)
```

18.3.2 易错点

（1）比对带返回值与不带返回值的自定义函数的差别，理解它们的含义。

（2）在函数中用 return 语句将值返回调用函数的代码行。

18.3.3 模拟考题

考题 1 单选题

关于以下程序，下列表述中错误的一项是（　　）。

```
def demo(n):
    s=1
    for i in range(1,n):
        s*=i
return s
```

A. demo(n) 函数的功能是求 n 的阶乘

B. s 是局部变量

C. n 是形参

D. range() 函数是 Python 内置函数

答案：A

解析：demo(n) 函数的功能是求阶乘，range(1,n) 是从 1 循环到 n-1。

考题 2 单选题

运行以下程序，输出结果正确的是（　　）。

```
def demo(x):
```

```
    return x*2;
print(demo(demo(demo(1))))
```

A. 1　　B. 2　　C. 4　　D. 8

答案：D

解析：函数被调用 3 次，1 乘以 2，再乘以 2，再乘以 2，结果为 8。

考题 3 判断题

函数体中必须包含 return 语句。（　　）

答案：错误

解析：自定义函数可以没有返回值。

 18.4 全局变量和局部变量

18.4.1 知识点详解

一般定义在程序最开始处的变量称为全局变量，而在函数中定义的变量称为局部变量。可以简单理解为，无缩进的为全局变量，有缩进的是局部变量。全局变量的作用域是整个程序，而局部变量的作用域是函数内部。当程序运行时，首先会找程序内部有没有局部变量，如果有，则调用；如果没有，才去调用全局变量。

```
name='zhang'          # 全局变量
def f():
    name="li"         # 局部变量
    print(name)
f()
```

运行结果：

```
li
```

调用 f() 函数，程序会先在函数内部找有没有 name 这个变量，如果有，就会使用该 name 的值；而如果没有定义局部变量 name，函数再去找全局变量 name。

可以通过 global 关键字，通过局部变量修改全局变量的值，如下例所示。

```
name="zhang"    # 定义全局变量
def f():
```

```
    global name  # 在函数内部，通过 global 关键字，通过局部变量修改全局变量的值
    name="li"
    print(name)
f()                 # 打印局部变量 name 的值
print(name)         # 打印全局变量 name 的值
```

运行结果：

```
li
li
```

在运行结果中可以明显看出，使用 global 关键字后，在定义局部变量的同时也修改了全局变量的值。

global 与 nonlocal 的区别：global 关键字用来在定义局部变量的同时，修改全局变量的值；nonlocal 关键字用来在函数或局部作用域使用外层（非全局）变量。

```
def add():
    count = 1
    def fun():
        nonlocal count
        print(count)
        count += 2
    return fun
a = add()
a()
a()
```

运行结果：

```
1
3
```

思考

（1）对于局部变量作用域，输入下列代码，并运行试试。

```
def f1():
    x=5
    y=6
    print(x+y)
def f2():   # 改为 (x)
    y=1
```

```
    print(x+y)  #出错！不能引用 f1 ( ) 中的 x
f1()
f2(5)
```

调用 f2(5) 时出错了，处理办法有以下两种。

方法 1：将“def f2():”改为“def f2(x):”。

方法 2：将“x=5”从 f1() 中移出来，使 x 变为全局变量。

（2）如果在函数中定义的局部变量与全局变量同名，则调用函数时，局部变量屏蔽全局变量。输入下列代码，并运行试试。

```
x='outside'
y='global'
def f():
    x='inside'
    print(x)
    print(y)
f()
print(x)
```

18.4.2 易错点

（1）理解 global 与 nonlocal 关键字的区别和它们各自的用法。

（2）如果在函数中定义的局部变量与全局变量同名，则调用函数时，局部变量屏蔽全局变量。

18.4.3 模拟考题

考题 1 单选题

运行以下程序，输出的结果是（　　）。

```
x=1
def demo():
    global x
    x=2
    print(x)
demo()
print(x)
```

A. 1	B. 2	C. 1	D. 2
1	1	2	2

答案：D

解析：Python 中定义函数时，若想在函数内部对函数外的变量进行操作，就需要在函数内部声明其为 global，以改变它的值。

考题 2 单选题

运行以下代码，正确的结果是（　　）。

```
def f(s):
t=0
    max=0
    for i in s:
        if i>="0" and i<="9":
            t=t+1
        else:
            if t>max:
                max=t
            t=0
     print(max)
list="123ab45cd6d"
f(list)
```

A. 0　　B. 1　　C. 2　　D. 3

答案：D

解析：本段代码中，函数 f() 的作用是求最长的连续数字字符串的长度。

考题 3 判断题

调用嵌套函数 outer()，两次输出变量 x 的值是不一样的。（　　）

```
def outer():
     x = "local"
     def inner():
         x = 'nonlocal'
         print("inner:", x)
     inner()
     print("outer:", x)。
```

答案：正确

解析：在嵌套函数中，其内部与外部相同名称的变量是互不影响的，所以两次输出变量 x 的值是不一样的。

 18.5 为函数的参数和返回值指定类型

18.5.1 知识点详解

Python 是动态类型语言，新建变量时不需要声明与指定类型，自定义函数时也是如此。

但是，Python 3.5 之后的版本就新增了对函数参数和返回值的类型指定和检查，新建变量时也可以指定类型。

例如下面这个函数，指定了输入参数 a 的类型为 int，而 b 的类型为 str，并且返回值的类型为 srt。

可以看到，调用此函数，最终返回了一个字符串。

```
def f(a:int,b:str)-> str:
    c=a*b
    print(c)
    return f
f(3,'zhongguo!')
```

运行结果：

```
zhongguo!zhongguo!zhongguo!
```

当我们调用这个函数时，如果参数 a 输入的是字符串，实际上运行不会报错，毕竟 Python 的本质还是动态类型语言。

```
def f(a:int,b:str)-> str:
    print(a,b)
    return 500
f('nihao','zhongguo!')
```

运行结果：

```
nihao zhongguo!
```

18.5.2 易错点

（1）Python 3.5 之后的版本新增了对函数参数和返回值的类型指定和检查，新建变量时也可以指定类型。

（2）如果参数 a 输入的类型不匹配，实际上运行时不会报错。

18.5.3 模拟考题

考题 1 编程题

设计一个算法，根据邮件的重量和用户是否选择加急计算邮费。

计算规则：重量在 1000 克以内（含 1000 克），基本邮费 8 元。超过 1000 克的部分，每 500 克加收超重费 4 元，不足 500 克部分按 500 克计算。如果用户选择加急，多收 5 元。

根据上述计算规则，编写自定义函数完成程序功能，或补全代码。

描述：根据邮件的重量和用户是否选择加急计算邮费。

函数名：postage(w:int, f:str)->int

参数表：w 代表邮件的重量（整数）。f 是表示是否加急的字符串，其中 'y' 和 'n' 分别表示加急和不加急。

返回值：返回邮费（整数）。

示例：当 w=1200，f='y' 时，返回 17。

```
def postage(w:int, f:str)->int:
    if f == 'y':
        cost = __①__
    else:
        cost = __②__
    if w > 1000:
        cost += __③__
        if w % 500 > 0:
            cost += 4
    return cost
w = int(input('邮件的重量：'))
f = input('是否加急：')
print(postage(w, f))
```

评分标准：

① 5+8 或等效答案（4 分）；

② 8 或等效答案（4 分）；

③ (w－1000) // 500 * 4 或等效答案（4 分）。

第 19 课　递归与递推

 19.1 学习要点

（1）通过自定义函数的调用，实现递归方法。

（2）掌握由递归变递推的方法。

 19.2 对标内容

理解基本算法中递归的概念，实现基本算法中的递归方法，掌握基本算法中由递归变递推的方法。

 19.3 递归算法

19.3.1 情景导入

汉诺塔（Hanoi Tower），又称河内塔，源于印度的一个古老传说。大梵天创造世界的时候做了 3 根金刚石柱子，在一根柱子上从下往上按照从大到小的顺序摞着 64 片黄金圆盘。大梵天命人把圆盘从下往上按照从大到小的顺序重新摆放在另一根柱子上。并且规定，任何时候，在小圆盘上都不能放大圆盘，且在 3 根柱子之间一次只能移动一个圆盘。问应该如何操作？

```
def hanoi(n, a, b, c):
    if n == 1:
        print( a, " -> ", c )
```

```
    elif n == 2:
        print( a, " -> ", b )
        print( a, " -> ", c )
        print( b, " -> ", c )
    else:
        hanoi( n-1, a, c, b )
        print( a, " -> ", c )
        hanoi( n-1, b, a, c )
    return None
n = 4
print('移动次数：{0}'.format(2**n-1))
hanoi( n,'A','B','C')
```

19.3.2 知识点详解

1. 递归的概念

在定义一个函数或过程时，如果出现调用自身的成分，则称为递归。

例如，使用以下程序计算 fx=1+2+3+4+5 的值。

```
def fx(a) :
    if a <= 1 :
        return 1
    else:
        return a + fx(a - 1)      # 调用自身
print(fx(5))
```

递归是程序设计中的一种重要方法，它使许多复杂的问题变得简单，容易解决了。

就递归算法而言，并不涉及高深的数学知识，但要建立递归的概念、深入了解递归过程也不容易。

递归应用实例——阶乘计算

数学中阶乘的定义如下。

5 的阶乘：$5!=5\times4\times3\times2\times1$

4 的阶乘：$4!=4\times3\times2\times1$

整数 n 的阶乘：$n!=n\times(n-1)\times\cdots\times2\times1$

问题分析：

$n!=n\times(n-1)!$，（例如 5！ =5×4！ ），而 1！ =1。求 n 的阶乘转化为求 $n-1$ 的阶乘，当 $n=3$ 时，程序如下例所示。

```
def fact(n):
    if n <= 1 :
        return 1
    else:
        return  n * fact (n - 1)
print(fact(3))
```

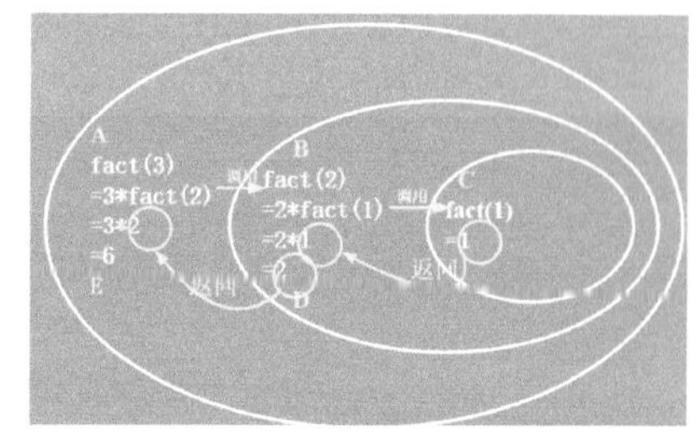

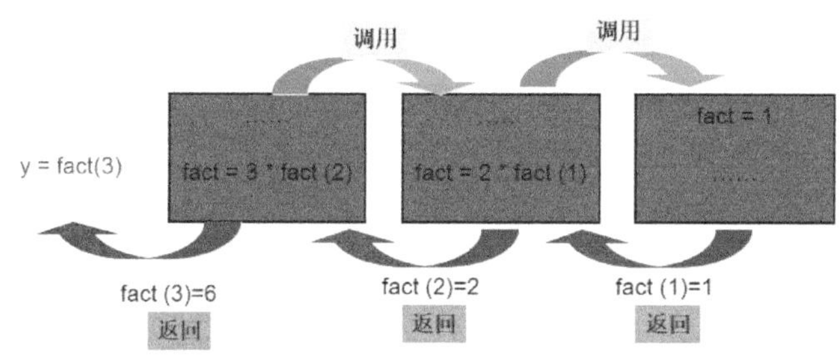

递归算法的基本思想是先把规模较大的问题变成规模较小的问题，再把规模较小的问题又变成规模更小的问题……当问题小到一定程度时，可以直接得出它的解，从而得到原来问题的解，即采用“大事化小、小事化了”的基本思想。

2. 递归算法的实现要点

（1）递归算法有明确的结束递归的边界条件（又称终止条件）以及结束时的边界值，可以通过条件语句（if 语句）实现。

（2）函数在它的函数体内调用自身，且向着递归的边界条件发展。

```
def fact(n) :
if n < =1:
    return 1            #边界条件
else:
    return n*fact(n-1) #包含其本身
```

求阶乘使用循环（递推）实现，如下例所示。

```
def fact(n) :
    s = 1
    for i in range(1,n+1)  :
        s = s * i
    return s
```

就本例而言，同学们会认为递归算法可能是多余的，费力而不讨好。但许多实际问题不可能或不容易找到显而易见的递推关系，这时递归算法就显现出了明显的优越性。

思考

（1）下列有关递归的说法，错误的是（　　）。

A. 递归算法的代码一般较少

B. 递归算法一定要有终止条件

C. 递归算法体现了“大事化小”的思想

D. 递归函数中可以不包含条件控制语句

答案：D

（2）用递归算法求 1 ~ n 个连续自然数的和的程序段代码如下：

```
def sum (n):
    if n = 1 :
        return 1
    else:
        return  (________)
pritn(sun(5))
```

请将代码补充完整。

答案：n+sum(n-1)

19.3.3 易错点

（1）递归算法的实现要点需要识记。

（2）用分支结构描述边界条件与递归体。

19.3.4 模拟考题

考题 1 单选题

以下函数要实现 5 的阶乘，则应补充的选项为（　　）。

```
def function(a):
    if(___):
        return function(a+1)*a
    else:
        return 1
print(function(1))
```

A. a>6　　B. a<6　　C. a>5　　D. a<5

答案：B

解析：这是要实现 1×2×3×4×5 的运算。

考题 2 单选题

斐波那契数列：数列从第 3 项开始，每一项都等于前两项之和。要计算数列第 n 项的值，可以使用递归函数实现，代码如下。

```
def fn(n):
    if n==1:
        return 1
    elif n==2:
        return 1
    else:
        return ________
```

下画线上的代码可填充下列哪个？（　　）

A. fn(n)+fn(n−1)　　B. fn(n−1)+fn(n−2)

C. n+1　　D. fn(n+1)+fn(n+2)

答案：B

解析：参照斐波那契数列的定义可知，要返回前两项之和。

考题 3 判断题

执行以下代码：

```
ans=0
def fu(a,b,x=1):
    if b==1:
        return 2
    global ans
    ans+=fu(a-x,b-1,2)
    return ans
print(fu(5,4,3))
```

程序输出的结果为 2。（　　）

答案：正确

解析：根据递归调用原理可以计算出结果。

19.4 递推算法

19.4.1 情景导入

递推是序列计算中的一种常用方法。它是按照一定的规律来计算序列中的每一项，通常是通过计算前面的一些项来得出序列中指定项的值，如非常有名的斐波那契数列。

你会发现大多数花朵的花瓣数目是斐波那契数列中的某一项：3，5，8，13，21，34，55，89……例如百合花有 3 个花瓣；梅花有 5 个花瓣；飞燕草有 8 个花瓣；向日葵不是有 21 个花瓣，就是有 34 个花瓣；雏菊有 34、55 或 89 个花瓣。其他花瓣数目则很少出现。你不妨留心数数看。

19.4.2 知识点详解

递归与递推的对比：

有 5 个人坐在一起，问第 5 个人多少岁，他说比第 4 个人大 1 岁；问第 4 个人多少岁，他说比第 3 个人大 1 岁；问第 3 个人多少岁，他说比第 2 个人大 1 岁；问第 2 个人多少岁，他说比第 1 个人大 1 岁；问第 1 个人多少岁，他说他 8 岁。请问第 5 个人多少岁？

以下是 Python 程序。

```
def  age(n) :
    if n = 1:
        return 8
    else:
        return  age(n - 1) + 1
print( "第5个人" + str(age(5)) + "岁")
```

该程序采用的是递归算法。

儿童节那天，有 6 位同学参加了钓鱼比赛，他们每个人钓到的鱼的数量都各不相同。问第 1 位同学钓了多少条鱼时，他指着第 2 位同学说比他多钓了 2 条；问第 2 位同学，他又说比第 3 位同学多钓了 2 条鱼……大家都说比下一位同学多钓了 2 条鱼。最后问到第 6 位同学时，他说自己钓了 3 条鱼。请问第 1 位同学钓了多少条鱼？

设第一位同学钓了 k_1 条鱼，欲求 k_1，需从第 6 位同学的钓鱼条数 k_6 入手，根据“多钓了 2 条鱼”这个规律，按照一定的顺序逐步进行推算。

$k_6=3$

$k_5=k_6+2=3+2=5$

$k_4=k_5+2=5+2=7$

$k_3=k_4+2=7+2=9$

$k_2=k_3+2=9+2=11$

$k_1=k_2+2=11+2=13$

递推公式：$k=k+2$

初始条件：$k=3$

通过 5 次计算就可求出问题答案。

本程序的递推算法可用下图来描述：

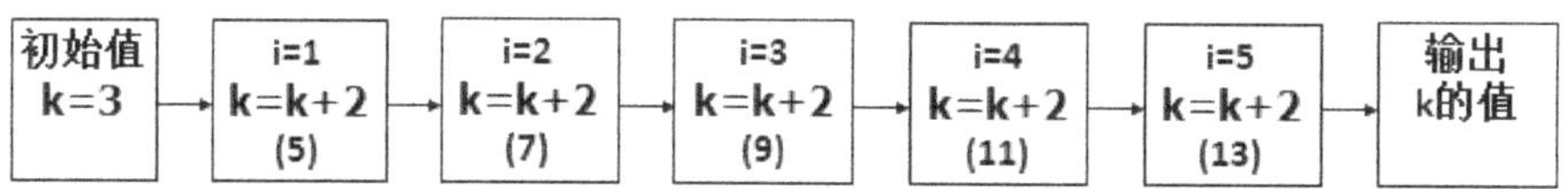

递推算法程序的实现如下所示。

```
k=3
for i in range(1,6):
    k+=2
print(k)
```

运行结果：

```
13
```

例题

用递推算法求斐波那契数列的前 n 项。

斐波那契数列指的是这样一个数列：1、1、2、3、5、8、13、21、34……其第 1 项、第 2 项为 1，从第 3 项开始，每一项是前两项之和。

分析：设 a、b 为斐波那契数列的前 2 项，则有 $a=1$，$b=1$。

则第 3 项 c 为 $c=a+b$。

那第 4 项呢?

第 4 项为第 2 项和第 3 项之和。

第 i 项呢?

用通用公式表示为 $c=a+b$。

但此时的 a 从哪里来，b 又从哪里来呢？

a 是上一次的 b，而 b 是上一次的 c。

Python 程序如下。

```
a=1
b=1
n=eval(input("请输入 n:"))
print(a,b,end=" ")
for i in range(3,n+1):
    c=a+b
    a=b
    b=c
    print(c,end=" ")
```

19.4.3 易错点

（1）理解递归算法与递推算法的区别。

（2）能够用递归算法或递推算法解决实际问题。

19.4.4 模拟考题

考题 1 单选题

设有一个共有 n 级台阶的楼梯，某人每步可走 1 级，也可以走 2 级，用递推的方式可以计算出某人从底层开始走完全部台阶的走法。例如，当 n=3 时，共有 3 种走法，即 1+1+1、1+2、2+1。当 n=6 时，从底层开始走完全部台阶的走法共有多少种？（　　）

A. 12　　B. 13　　C. 14　　D. 15

答案：B

解析：递推算法是一种常用算法，每次从上一次递推的结果开始，利用递推关系，求出下一次递推的结果，直到符合要求为止。通过对题目进行分析可知，由 $f(1)=1$ 以及 $f(2)=2$ 这两个初值以及递推关系式 $f(n)=f(n-1)+f(n-2)$ 可推出 $f(6)=13$。

考题 2 单选题

若一个问题的求解既可以使用递归算法，也可以使用递推算法，则往往采用以下哪一种算法？（　　）

A. 递归　　B. 递推　　C. 分治　　D. 排序

答案：B

解析：递推算法是一种常用算法，每次从上一次递推的结果开始，利用递推关系，求出下一次递推的结果，直到符合要求为止。递归算法相对递推算法要复杂得多。递归算法是递推分解问题，然后再将最简单情况的解回归成大问题的解。由于递归会引起一系列函数调用，有不少重复计算，其执行的效率也较低。因此，若某问题既能用递归算法求解，又能用递推算法求解，则使用递推方法求解更容易，效率也高得多。

第 20 课　分治算法

20.1 学习要点

（1）理解基本算法中的分治算法。

（2）能够用分治算法实现简单的 Python 程序。

20.2 对标内容

理解基本算法中的分治算法，能够用分治算法实现简单的 Python 程序。

20.3 分治算法

20.3.1 情景导入

假设你正在爬楼梯，需要 *n* 步才能到达顶部。但每次你只能爬一步或者两步，你能有多少种不同的方法爬到顶部？

```
def climb(n=7):
    if n <= 2:
        return n
    return climb(n-1) + climb(n-2)  #等价于斐波那契数列!
print(climb(5)) #8
print(climb(7)) #21
```

20.3.2 知识点详解

1. 分治算法的概念

分：将一个复杂的问题分成两个或更多个相同或相似的子问题，再把子问题分成更小的子问题。

治：最后子问题可以简单地直接求解。

合：将所有子问题的解合并起来就是原问题的解。

2. 分治算法的特征

（1）该问题的规模缩小到一定的程度就可以容易地解决。

（2）该问题可以分解为若干个规模较小的相同问题，即该问题具有最优子结构性质。

（3）该问题分解出的子问题的解可以合并为该问题的解。

（4）该问题所分解出的各个子问题是相互独立的，即子问题之间不包含公共的子子问题。

第一条特征是绝大多数问题可以满足的，因为问题的计算复杂性一般随着问题规模的增加而增加。

第二条特征是应用分治算法的前提，大多数问题也可以满足，此特征反映了递归思想的应用。

第三条特征是关键，能否利用分治算法完全取决于问题是否具有这一条特征，如果具备了第一条和第二条特征，而不具备第三条特征，则可以考虑用贪心法或动态规划法。

第四条特征涉及分治算法的效率，如果各个子问题不是相互独立的，则分治算法要做许多不必要的工作，重复地解公共的子问题，此时虽然可用分治算法，但一般用动态规划法会更好。

3. 分治算法的例子

例题 1 对数组进行快速排序

快速排序（Quicksort）是对冒泡排序的一种改进。它的基本思想是通过一遍排序将要排序的数据分割成独立的两部分，其中一部分的所有数据都比另一部分的所有数据都小，然后再按此方法对这两部分数据分别进行快速排序。整个排序过程可以递归进行，最终使所有数据变成有序序列。

快速排序算法通过多次比较和交换来实现排序，其排序流程如下。

（1）首先设定一个分界值，通过该分界值将序列数据分成左、右两部分。

（2）将大于或等于分界值的数据集中到右边，小于分界值的数据集中到左边。此时，左边各元素的值都小于或等于分界值，而右边各元素的值都大于或等于分界值。

（3）然后，左边和右边的数据可以独立排序。对于左边的数据，又可以取一个分界值，将该部分数据再分成左、右两部分，同样在左边放置较小值，右边放置较大值。右边的数据也可以做类似处理。

（4）重复上述过程，可以看出，这是一个递归定义。通过递归将左边排好序后，再通过递归将右边排好序。当左、右两部分分别排序完成后，整个序列数据的排序也就完成了。

快速排序的排序步骤：设要排序的数据是 A[0]…A[N-1]，首先任意选取一个数据（通常选用数组的第一个数）作为关键数据，然后将所有比它小的数都放到它左边，所有比它大的数都放到它右边，这个过程称为一遍快速排序。

值得注意的是，快速排序不是一种稳定的排序算法，也就是说，多个相同的值的相对位置也许会在算法结束时发生变动。

一遍快速排序的算法是如下。

（1）设置两个变量 i、j，排序开始时，i=0，j=N-1。

（2）以第一个元素作为关键数据，将其值赋值给 key，即 key=A[0]。

（3）从 j 开始向前搜索，即由后向前搜索（j--），找到第一个小于 key 的值 A[j]，将 A[j] 和 A[i] 的值互换。

（4）从 i 开始向后搜索，即由前向后搜索（i++），找到第一个大于 key 的 A[i]，将 A[i] 和 A[j] 的值互换。

（5）重复第（3）、（4）步，直到 i=j；第（3）、（4）步中如果没有找到符合条件的值，即（3）中 A[j] 不小于 key，（4）中 A[i] 不大于 key，改变 j、i 的值，使得 j=j-1，i=i+1，直至找到为止。找到符合条件的值，进行交换时，i、j 指针位置不变。另外，i==j 这一过程一定正好是 i++ 或 j-- 完成时，此时循环结束。

假设一开始时序列 a 是：5，3，7，6，4，1，0，2，9，10，8。此时，ref=5，i=0，j=10，从后往前找，第一个比 5 小的数是 a[7]=2，因此序列变为：

2，3，7，6，4，1，0，5，9，10，8。

此时 i=0，j=7，从前往后找，第一个比 5 大的数是 a[2]=7，因此序列变为：2，3，5，6，4，1，0，7，9，10，8。

此时 i=2，j=7，从第 7 位往前找，第一个比 5 小的数是 a[6]=0，因此序列变为：2，3，0，6，4，1，5，7，9，10，8。

此时 i=2，j=6，从第 2 位往后找，第一个比 5 大的数是 a[3]=6，因此序列变为：2，3，0，5，4，1，6，7，9，10，8。

此时 i=3，j=6，从第 6 位往前找，第一个比 5 小的数是 a[5]=1，因此序列变为：2，3，0，1，4，5，6，7，9，10，8。

此时 i=3，j=5，从第 3 位往后找，直到第 6 位才有比 5 大的数（正常区间已无满足的数），这时，i=j=6，ref 成为一条分界线，它之前的数都比它小，之后的数都比它大，对于前、后两部分数，可以采用同样的方法来排序。

代码 1

```
def quicksort(list,p,r):
    if p<r:
        q=partion(list,p,r)
        quicksort(list,p,q)
        quicksort(list,q+1,r)
def partion(list,p,r):
    i=p-1
    for j in range(p,r):
        if list[j]<=list[r]:
            i+=1
            list[i],list[j]=list[j],list[i]
    list[i+1],list[r]=list[r],list[i+1]
    return i
list1=[5,3,7,6,4,1,0,2,9,10,8]
quicksort(list1,0,len(list1)-1)
print (list1)
```

代码 2

```
# 划分分区（非就地划分）
def partition(nums=list):
    pivot = nums[0]                          # 挑选枢纽
    lo = [x for x in nums[1:] if x < pivot]      # 所有小于 pivot 的元素
```

```
    hi = [x for x in nums[1:] if x >= pivot]     #所有大于pivot 的元素
    return lo,pivot,hi
#快速排序
def quick_sort(nums):
    #被分解的 Nums 小于 1 则解决了
    if len(nums) <= 1:
        return nums
    #分解
    lo,pivot,hi = partition(nums)
    # 递归(树),分治,合并
    return quick_sort(lo) + [pivot] + quick_sort(hi)
lis = [7, 5, 0, 6, 3, 4, 1, 9, 8, 2]
print(quick_sort(lis))          #[0, 1, 2, 3, 4, 5, 6, 7, 8, 9]
```

例题 2

给定一个顺序表，编写一个求出其最大值的分治算法。

```
#基本子算法(内置算法)
#虽然也可以处理大序列,这里用于解决分治问题规模小于或等于2时
def get_max(nums=list):
    return max(nums)
#分治法
def solve(nums):
    n = len(nums)
    if n <= 2:     #分治问题规模小于或等于2时解决
        return get_max(nums)
    #分解(子问题规模为 n/2)
    left_list, right_list = nums[:n//2], nums[n//2:]
    #递归(树),分治
    left_max, right_max = solve(left_list), solve(right_list)
    #合并
    return get_max([left_max, right_max])
alist = [12,2,23,45,67,3,2,4,45,63,24,23]
#求最大值
print(solve(alist))  # 67
```

思考

（1）在 Python 中随机产生一个 1~1000 的整数，使用分治算法中的二分查找法猜测这个数的值，最多需要猜几次？（　　）

A. 7　　B. 8　　C. 9　　D. 10

答案：D

解析：分治算法的设计思想是将一个难以直接解决的大问题，分割成一些规模较小的相同问题，以便各个击破，分而治之。对于一个规模为 n 的问题，若该问题可以容易地解决（比如说规模 n 较小）。则直接解决，否则就将其分解为 k 个规模较小的子问题，这些子问题互相独立且与原问题形式相同，递归地解这些子问题，然后将各子问题的解合并得到原问题的解。其中，二分查找法的思想说来比较简单，就是利用上下限不停地缩小查找的界限，当缩小到一定范围内时，就可以解决了。算法的时间复杂度一般为 $\log_2 n$，因此查找 10 次所能够覆盖的数的范围已达到 1024。

理解体现分治算法的二分查找法的原理。

（2）二分查找法是利用__________实现的。

答案：分治算法

20.3.3 易错点

（1）在理解递归算法的基础上理解分治算法。

（2）“分”“治”的概念必须理解。

20.3.4 模拟考题

考题 1 单选题

以下函数是将一个整数划分为若干个正整数相加的例子，如 4=4，1+3=4，1+1+2=4，2+2=4，1+1+1+1=4 共 5 种，则 if 条件里应补充的选项为（　　）。

```
def function(b,a):  #b 为待划分的整数，a 为正整数加数的个数上限
    if(_______):
        return 1
    elif a==b and b>1:
        return function(b,b-1)+1
    elif b<a:
        return function(b,b)
    elif b>a:
        return function(b,a-1)+function(b-a,a)
```

A. a==1 or b ==1　　B. a==0 or b ==1

C. a==1 or b ==0　　D. a==1 and b ==1

答案：A

考题 2 单选题

一个袋子里有 128 枚硬币，其中一枚是假币，并且假币和真币外观一模一样，仅凭肉眼无法区分，仅知道假币比真币轻一些，我们现在借助天平来查找假币，最多称几次可以找到假币？

A. 5　　B. 6　　C. 7　　D. 8

答案：C

解析：将 n 枚硬币分成两等份，然后放到天平的两端，则假币在较轻的那一端；然后将较轻的那一端的硬币再分成两等份，再放到天平的两端进行比较，假币还是在较轻的那一端；直到最后只剩下两枚硬币了，分别放到天平的两端，轻的那一枚就是假币。当然，最后也可能剩下 3 枚硬币，我们可以从这 3 枚硬币中任意拿出来一枚，然后将剩下的两枚放到天平的两端，如果天平是平的，则说明拿出来的那枚硬币就是假币；如果天平不是平的，则轻的那一端是假币。

所以，128 枚硬币可以这样分解：$128 \to 64 \to 32 \to 16 \to 8 \to 4 \to 2 \to 1$，即最多称 7 次可以找到假币。

考题 3 判断题

使用分治算法分解的子问题是相互独立的、无关联的，子问题的解可以合并为原问题的解。（　　）

答案：正确

解析：分治算法的基本思想是将一个规模为 n 的问题分解为 k 个规模较小的子问题，这些子问题相互独立且与原问题性质相同。求出子问题的解，就可得到原问题的解。

第 21 课　算法优化

21.1 学习要点

（1）掌握算法以及算法性能、算法效率的概念。

（2）理解算法的时间复杂度与空间复杂度。

21.2 对标内容

理解算法以及算法性能、算法效率的概念，初步了解算法优化效率的方法。

21.3 应用 while 语句解决实际问题

21.3.1 for、while循环复习

求 1+3+5+7+9+11+13 的和，用 for 循环和 while 循环实现的程序分别如下所示。

```
#for 循环
sum=0
for i in range(1,14,2):
    sum+=i
print(sum)

#while 循环
sum=0
n=1
```

```
while n<=13:
    sum=sum+n
    n=n+2
print(sum)
```

说明：while 循环的语法结构如下所示。

```
初时状态设置
while 条件
    循环体（每次都重复进行的操作，其中必须包括能改变循环控制变量的操作）
```

例题 1

有 30 名男生和 20 名女生，平均分成若干个小组参加户外 CS 活动，要使每个小组内的男生人数相同，女生人数也相同，可以分成几个小组？有几种分法？

代码 1

```
nan = 30
nv = 20
i = 2
n = 0
while i <= 30:
    if nan % i == 0 and nv % i == 0 :
        print( str(i) + " 个小组 ")
        n = n + 1
    i = i + 1
print( str(n) + " 种分法 ")
```

优化后的代码 2

```
nan = 30
nv = 20
i = 2
n = 0
while i <= 20:
    if nan % i == 0 and nv % i == 0 :
        print( str(i) + " 个小组 ")
        n = n + 1
    i = i + 1
print( str(n) + " 种分法 ")
```

例题 2

从 6 月 1 日起，小明的妈妈要每工作 3 天休息 1 天，爸爸要每工作 4 天休息

1天，请你帮忙计算一下小明一家在6月里可以选择哪几天共同休息的日子去奶奶家玩。

代码1

```
t = 1
n=0
s = ""
while t <= 30:
    if t % 3 == 0 and t % 4 == 0:
        s = s + "6月" + str(t) + "日     "
        n=n+1
    t = t + 1
print( s,n)
```

优化后的代码2

```
t = 4
n=0
s = ""
while t <= 30:
    if t % 3 == 0 and t % 4 == 0:
        s = s + "6月" + str(t) + "日     "
        n=n+1
    t = t + 4
print( s,n)
```

小结：优化 while 程序，可以考虑优化循环条件、循环控制变量。

提炼：上述两个问题体现了枚举算法的思想。

21.3.2 易错点

（1）枚举范围应尽可能小，但又不能遗漏。

（2）循环的步长应尽可能大。

21.3.3 模拟考题

考题1 单选题

用枚举算法求解“找出所有满足各位数字之和等于7的三位数”时，在下列数值范围内，算法执行效率最高的是（　　）。

A. 0~999　　B. 100~999　　C. 100~700　　D. 106~700

答案：D

解析：枚举的范围应尽可能小但又不遗漏。

考题 2 判断题

描述算法可以有不同的方式，可用自然语言，也可以用流程图等。（　）

答案：正确

21.4 时间复杂度与空间复杂度

21.4.1 知识点讲解

1. 时间复杂度的概念

一般情况下，算法中基本操作重复执行的次数是问题规模 n 的某个函数 $f(n)$，算法的时间度量记作 $T(n)=O(f(n))$，它表示随问题规模 n 的增大，算法执行时间的增长率和 $f(n)$ 的增长关系，称作算法的渐进时间复杂度，简称时间复杂度。

时间复杂度 $T(n)$ 按数量级递增顺序为：

常数阶	对数阶	线性阶	线性对数阶	平方阶	立方阶	……	k 次方阶	指数阶
$O(1)$	$O(\log_2 n)$	$O(n)$	$O(n\log_2 n)$	$O(n^2)$	$O(n^3)$	……	$O(n^k)$	$O(2^n)$
复杂度低 ——————————————→ 复杂度高								

2. 计算时间复杂度的步骤

（1）找到执行次数最多的语句。

（2）衡量执行语句的数量级。

（3）用 $O()$ 表示结果。

（4）然后用常数 1 取代运行时间中的所有加法常数。

（5）在修改后的运行次数函数中，只保留最高阶项。

（6）如果最高阶项存在且不是 1，那么就去除与这个项相乘的常数，比如 $3n^2$ 就取 n^2。最后即可得到想要的结果。

例题 1

```
print("111")
print("111")
print("111")
```

```
print("111")
print("111")
print("111")
print("111")
print("111")
```

打印 8 条语句，问这个程序的时间复杂度是多少？

$O(8)$？当然不是！按照时间复杂度的概念，“$T(n)$ 是关于问题规模为 n 的函数”，这里和问题规模有关系吗？没有关系，量级为常数阶，时间复杂度为 $O(1)$。

例题 2

```
sum=0
for i in range(101):
    sum+=i
```

量级为线性阶，时间复杂度为 $O(n)$。

例题 3

```
sum=0
for i in range(100):
    for j in range(100):
        sum+=j
```

量级为平方阶，外层 i 的循环执行一次，内层 j 的循环就要执行 100 次，所以外层执行 100 次，总共需要执行 100×100 次。那么 n 次呢？就需要执行 $n \times n$ 次，即 n^2 了，所以时间复杂度为 $O(n^2)$。

例题 4

```
sum=0
for i in range(100):
    for j in range(i,100):
        sum+=j
```

量级为平方阶，当 i=1 时执行 n 次，当 i=2 时执行（$n-1$）次……一直这样下去就可以构造一个等差数列：$n,n-1,n-2,\cdots,2,1$。

根据等差数列的求和公式得：$n+n*(n-1)/2$，整理一下就是 $n*(n+1)/2$，然后将其展开可以得到 $n^2/2+n/2$。

根据我们的步骤，保留最高次项，去掉相乘的常数就可以得到时间复杂度为 $O(n^2)$。

例题 5

```
i=1
n=100
while i<n:
    i=i*2
```

量级为对数阶，$2^x=n$，所以时间复杂度为 $O(\log_2 n)$。

时间复杂度小结：平均运行时间是期望的运行时间，最坏的运行时间是一种保证。我们提到的运行时间都是最坏的运行时间。

3. 空间复杂度的概念

空间复杂度是指算法被编写成程序后，在计算机中运行时所需存储空间大小的度量，记作 $S(n)=O(f(n))$，其中 n 为问题的规模或大小。

存储空间一般包括 3 个部分：

（1）输入数据所占用的存储空间；

（2）指令、常数、变量所占用的存储空间；

（3）辅助（存储）空间。

算法的空间复杂度一般指的是辅助空间。

一维数组 a[n] 的空间复杂度为 $O(n)$。

二维数组 a[n][m] 的空间复杂度为 $O(n*m)$。

21.4.2 易错点

（1）熟记时间复杂度与空间复杂度的计算实例。

（2）理解时间复杂度与空间复杂度的概念。

21.4.3 模拟考题

考题 1 单选题

在使用 Python 编写程序时，提到的“时间复杂度”中的“时间”一般是指（　　）。

A. 算法执行过程中所需要的基本运算时间

B. 算法执行过程中编译代码所花时间

C. 算法执行过程中所需要的基本运算次数

D. 程序代码的复杂程度

答案：C

解析："时间复杂度"中的"时间"是指算法执行过程中所需要的基本运算次数。

考题 2 判断题

如果执行算法所需的临时空间不会随变量的变化而变化，那么该算法的空间复杂度为一个常量。（　　）

答案：正确

解析：如果执行算法所需的临时空间不会随变量的变化而变化，其算法的空间复杂度为常量 $O(1)$。

第 22 课　第三方库（模块）的获取、安装与调用

22.1 学习要点

（1）理解模块化架构和包的管理，了解 pip 命令、集成安装方法和文件安装方法。

（2）掌握 import 和 from 方式。

22.2 对标内容

掌握第三方库（模块）的功能、获取、安装、调用等。

22.3 第三方库的获取、安装与调用

22.3.1 第三方库的获取、安装方法

安装 Python 第三方库的 3 种方法为：

（1）使用 pip 命令；

（2）集成安装方法；

（3）文件安装方法。

1. 使用pip命令（需要联网）

使用 Python 自带的 pip 安装工具安装第三方库时，需要打开操作系统提供

的命令行，适合 Windows、macOS 和 Linux 平台。

pip -h：查看这个命令的帮助信息，如图 22-1 所示。

```
C:\Users\Administrator>pip -h

Usage:
  pip <command> [options]

Commands:
  install                     Install packages.
  download                    Download packages.
  uninstall                   Uninstall packages.
  freeze                      Output installed packages in requirements format.
  list                        List installed packages.
  show                        Show information about installed packages.
  check                       Verify installed packages have compatible dependencies.
  config                      Manage local and global configuration.
  search                      Search PyPI for packages.
  wheel                       Build wheels from your requirements.
  hash                        Compute hashes of package archives.
  completion                  A helper command used for command completion.
  help                        Show help for commands.
```

图22-1　查看pip命令的帮助信息

常用的 pip 指令如下。

pip install < 第三方库名 >：安装指定的第三方库。

pip install -U < 第三方库名 >：将已经安装的第三方库更新到最新版本中。

pip uninstall < 第三方库 >：卸载指定的第三方库。

pip download < 第三方库 >：下载但不安装指定的第三方库，作为后续的安装基础。

pip show < 第三方库 >：列出指定第三方库的详细信息。

pip search < 第三方库 >：根据关键词在名称和介绍中搜索第三方库。

pip list：列出当前系统已经安装的第三方库。

python -m pip install --upgrade pip：升级 pip（Python 3.4 之后的版本都自带了 pip）。

了解常用模块 pytesseract、pyquery、requests、urllib3、wheel、wordcloud（词云图）、xlrd（读 Excel 文件）、xlwt（写 Excel 文件）、setuptools、pymouse（模拟鼠标操作）、PyAotuGUI（模拟鼠标、键盘操作）、selenium（自动化测试环境搭建）、scrapy、cx_Oracle 的安装方法。

下面以安装 wheel 模块为例介绍具体的安装方法。

方法 1：按“Win+R”组合键进入 cmd 窗口，直接运行如下代码。

```
pip install wheel
```

方法 2：本地安装 whl 文件。

（1）将 whl 文件下载到计算机上（任意位置均可）。

（2）按“Win+R”组合键进入 cmd 窗口，切换到存放 whl 文件的目录。

（3）通过以下命令安装 whl 文件（****.whl 是我们下载的 whl 文件的名称）。

```
pip install ****.whl
```

2. 集成安装方法

下载 anaconda 集成开发工具。注意区别 32 位与 64 位版本，运行下载的安装包。安装过程如图 22-2 ~ 图 22-10 所示。

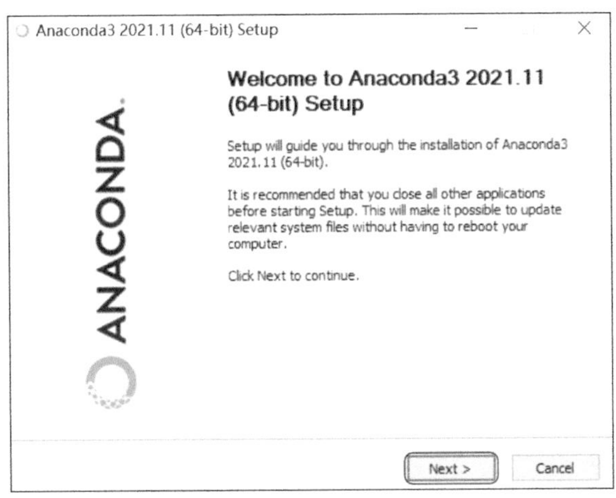

图22-2 单击“Next”

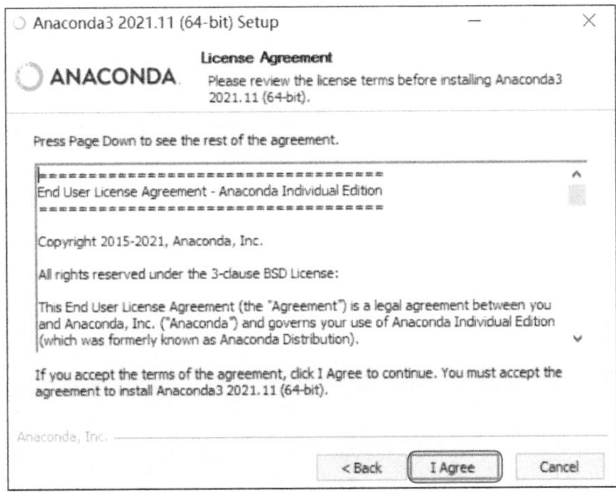

图22-3 单击“I Agree”

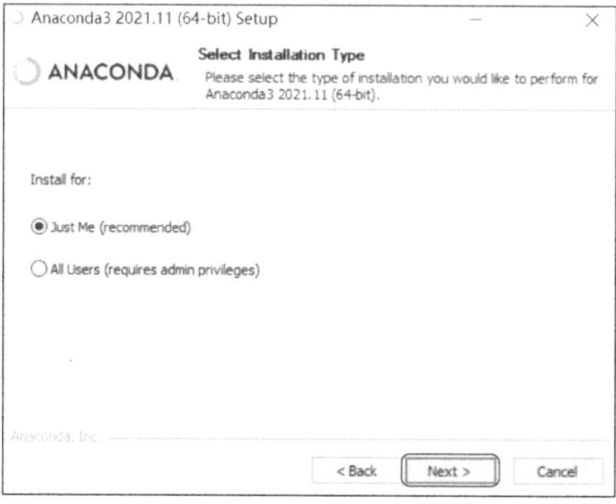

图22-4　单击“Next”

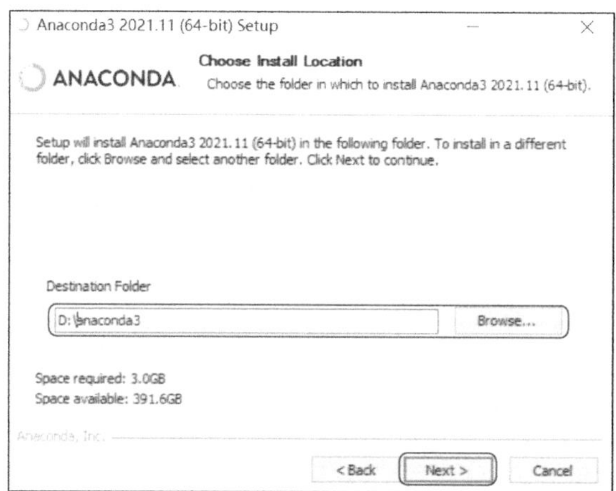

图22-5　选择安装路径，单击“Next”

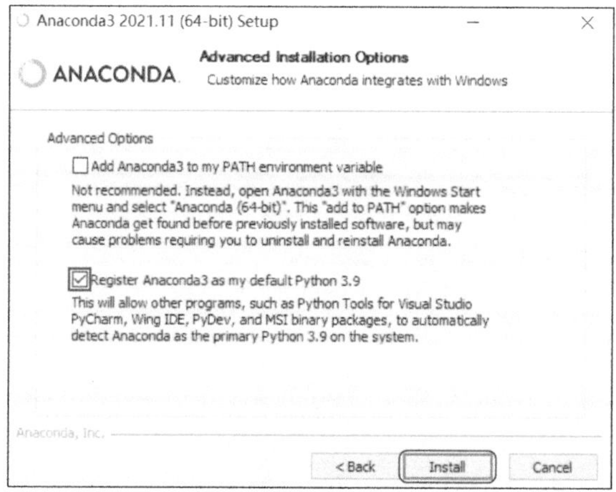

图22-6　在第二个选项上打钩，然后单击“Install”

Anaconda3 2021.11 (64-bit) Setup
Installing
ANACONDA.
Please wait while Anaconda3 2021.11 (64-bit) is being installed.
Output folder: D:\anaconda3\pkgs\navigator-updater-0.2.1-py39haa95532_0\info
Show details
Anaconda, Inc.
< Back
Next >
Cancel

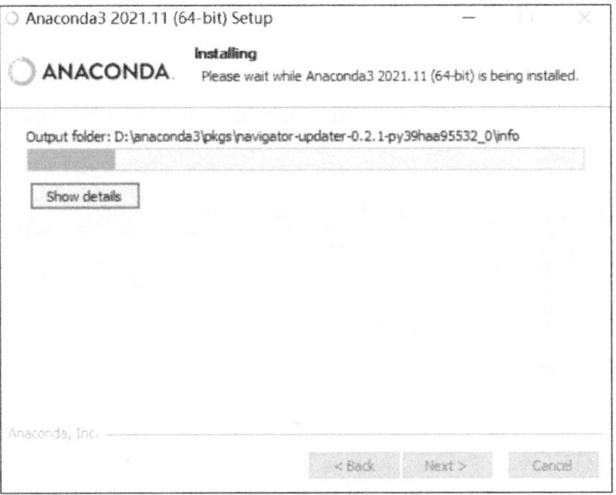

图22-7　等待解压文件

Anaconda3 2021.11 (64-bit) Setup
Installation Complete
ANACONDA.
Setup was completed successfully.
Completed
Show details
Anaconda, Inc.
< Back
Next >
Cancel

图22-8　单击“Next”

Anaconda3 2021.11 (64-bit) Setup
Anaconda3 2021.11 (64-bit)
ANACONDA.
Anaconda + JetBrains
Working with Python and Jupyter notebooks is a breeze with PyCharm Pro, designed to be used with Anaconda. Download now and have the best data tools at your fingertips.
ANACONDA.
PC
Anaconda, Inc.
< Back
Next >
Cancel

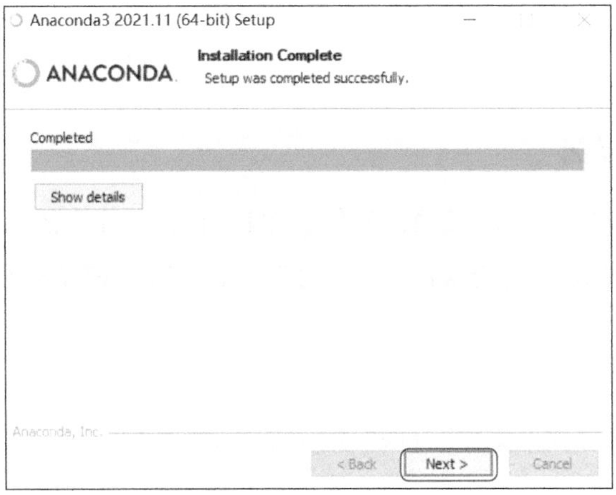

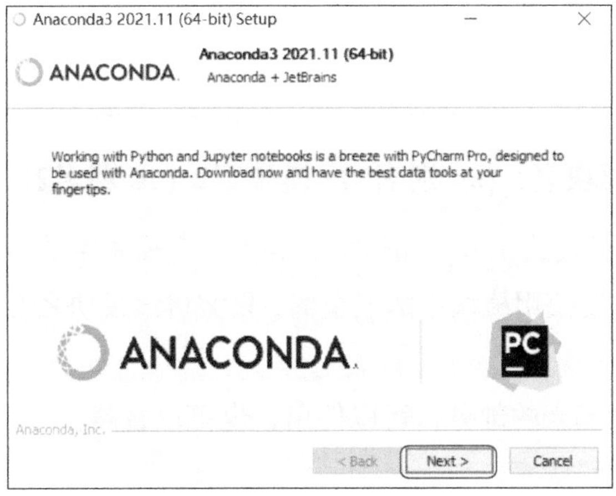

图22-9　单击“Next”

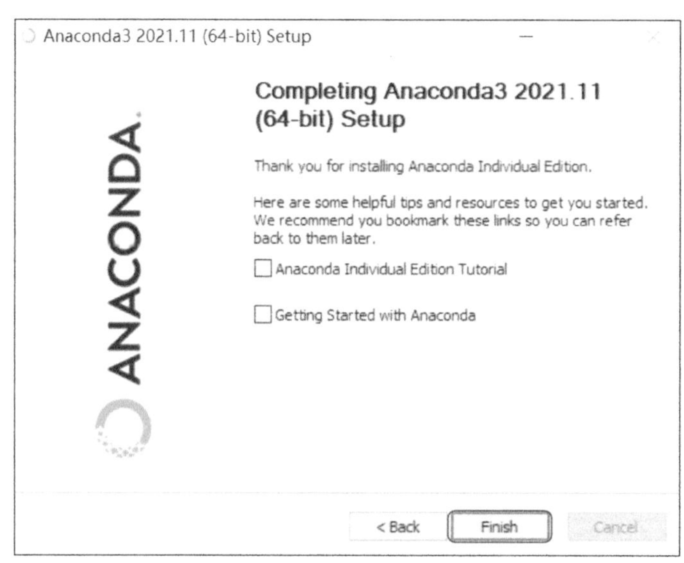

图22-10　不要勾选上面的选项，然后单击“Finish”

3. 文件安装方法

下载对应版本的 .exe 安装文件，如 numpy-1.9.2-win32-superpack-python2.7.exe、mlpy-3.5.0.win32-py2.7.exe，运行该文件即可。

22.3.2 第三方库的导入方法

使用 Python 进行编程时，有些功能没必要自己实现，可以借助 Python 现有的标准库或者其他人提供的第三方库，如下例所示。

```
>>>import math
>>> math.pi
>>> math.sin(0.5)
>>> math.sqrt(144)
```

1. i mport 模块名1 [as 别名1], 模块名2 [as 别名2]，…

使用这种语法格式的import语句，会导入指定模块中的所有成员（包括变量、函数、类等）。当需要使用模块中的成员时，只需将该模块名（或别名）作为前缀，如下例所示。

注意，用 [ ] 括起来的部分，可以使用，也可以省略。

```
>>> import math as m
>>> m.pi
```

2. from 模块名 import 成员名1 [as 别名1]，成员名2 [as 别名2]，…

使用这种语法格式的 import 语句，只会导入模块中指定的成员，而不是全部成员。同时，当程序中使用该成员时，无须附加任何前缀，直接使用成员名（或别名）即可。

```
from math import *    # 导入模块中的所有成员
```

22.3.3 易错点

（1）注重实操体验。

（2）记忆相关的操作语句的语法。

22.3.4 模拟考题

考题 1 单选题

用于安装 Python 第三方库的工具是（　　）。

A. install　　B. pip　　C. wheel　　D. setup

答案：B

解析：可以用“pip install 第三方库名”安装 Python 第三方库。

考题 2 判断题

使用“pip install-upgrade numpy”命令能够升级 numpy 科学计算扩展库。

答案：正确

解析：使用“pip install-upgrade 包名”命令能够更新已安装的第三方库。